中公新書 1912

JN032059

加藤文元著

数学する精神 増補版

正しさの創造、美しさの発見

中央公論新社刊

はじめに

人間と数学

仏師は「木の中に宿る仏様」を表に出すためにノミを振るうと言う．人間が創る前に，そもそもその目的である作品はすでに「ある」のだという感覚は，およそ深い芸術に携わる人々に共通したものであるように思われる．だからこそ芸術は人間を超えた崇高さを持つのであり，神秘的な感覚を観る人や聴く人に与えるのであろう．素晴らしい芸術作品には，全く「神業」としか思えない均整のとれた美しさが内に秘められているものである．

しかし一方，これらの芸術も「人間」が作ったものであり，それを鑑賞する側も社会や時代と完全に独立ではいられない「人間」なのだということも事実である．どんなに美しい音楽にも必ず作曲者がいて，それを表現する演奏者がいる．どんなに神懸かった芸術においても，それは疑いようのない事実である．

　いくら自然の深奥の世界が深いと言っても，人間は自然そのものから音楽を聴き取るのではない．どんなに風景が美しいと言っても，人間は風景そのものの中に絵画を観るのではない．そこには必ず人間の思いが反映され，人間らしい活動の手が入る．そしてそこに人間の手が加わるからこそ，芸術の世界は豊穣であると思うのである．

　自然科学も同様である．自然の深奥に隠された基本法則や仕組みを解明せんというこの学問においても，その深奥の調和を写生して切り取ってくることが目的なのではない．それどころか，そんなことは多くの場合不可能である．だからそこには人間の判断や仮説，もしくはモデル化といった，人間が作り人間が意味付けをする作業が必ず入る．自然は美しい．そこには人間を超えた神的とも言える調和がある．しかしその調和を説明するのは人間である．ゲーテはこれに対して「生き生きと生成するものをそのままの姿で認識」する科学のあり方を模索していた．このことが今述べたことに対する真っ向からのアンチテーゼというわけではないにしても，しかしこのような自然科学に対する別の見方があること自体，自然科学が自然そのものとはいったん距離をおいて人間の目で観察し説明する活動であることの証左であろう．

　そして数学もそうである．——

「数学」というと何やらわけのわからない念仏のような

ことをブツブツ言った挙げ句に，この世の真理や法則な
るものを数式で表すものだという印象を持っている読者
も多いだろう．また他の人々には，それは何やらわけの
わからない記号を禁欲的にいじり倒すような，無味乾燥
な殺伐とした世界だという印象しかないかもしれない．
しかし数学を作り上げるのも人間である．確かに数学は
美しい．それは数学に携わる人々をして「木の中に宿
る」ような実在を感じせしめるほどの神的な整合性に満
ちあふれている．しかし，いかに美しい音楽にも作曲者
がいるように，数学もそれを創ったのは人間であるとい
うこと自体は疑いようのない事実である．そしてまさに
この「人間が創る」ということによって，芸術と同様に
数学の世界も豊穣なものになっているのだと思う．

　——このことは世間ではあまり気付かれていないよう
　　　である．

　数学の証明や公式と言えば何か絶対的に「正しい」も
ので，それは何人たりとも揺るがしようのない「神の
知」なのだと思っている人も少なくないだろう．だから
こそそれは「非人間的」で「機械的」であり，ある人々
には畏れ多い形式美を感じさせ，またある人々には殺伐
とした印象を与える．いずれにしても「敷居の高い」学
問だという，あまり肯定的とは言えない感覚を多くの
人々に植え付けている．

しかし本当にそうだろうか？

　例えば，19世紀初めまでは「空間」と言えばユークリッド幾何学（平面図形や空間図形の幾何として中学校や高等学校でも教わる幾何，本文第1章「解説：ユークリッド幾何学」で簡単に解説する）が提供するものが「絶対的」なものであり，そのためユークリッド幾何学は何かしら絶対的に真な学問と思われていたのである．しかしこの視点は，非ユークリッド幾何学や，その後のリーマン幾何学（本文第2章「トピックス：非ユークリッド幾何学」で簡単に解説する）といった新しい幾何学の枠組みによって乗り越えられることになる．もちろんこれによってユークリッド幾何学の「正しさ」が損なわれたわけではないが，しかしそれに反映された人間の思い，あるいは「視点」は劇的に変化した．その結果それまで絶対的と思われていたユークリッド幾何学も，数ある幾何学の中の一つの「モデル」，別の言い方をすれば一つの「枠組み」として捉えられるようになってきたのである．また，もちろんこれによってユークリッド幾何学の価値が損なわれたわけでもない．そうではなくて，ユークリッド幾何学という偉大な作品に接する上での，より適切な距離感を人類が獲得したということなのである．

　人間は「数そのもの」を視ることはできないし，「空間そのもの」を観ることはできない．だからこれらの概念を扱うときには，芸術と同様に必ず人間らしい活動の

手が入る．数や空間といった極めて基本的なものですら，それらを扱ったり説明するための枠組みを作るのが人間である以上，それは究極的には仮説的で暫定的なものである．だからそれは時代背景や社会情勢などに左右される人間の価値観を何らかの形で反映するし，その視点は時代とともに超えられていくべきものである．その意味で，数学は決して非人間的なものではない．

また，数学は機械的なものでもない．もしそうなら計算機にも数学の定理が発見できるはずである．しかしそのようなことは決してできない．黙々と計算だけを間断なく続けていたのでは決して気付くことができない「パターン」や，一見何の関係もありそうにも見えない現象の間に隠されている深くて美しい「対応関係」は，そのような計算や現象そのものからいったん距離をおいて冷静にかつ客観的に判断できる主体でなければ見出せない．そしてこのようなことができる主体は，少なくとも今のところ人間しかいない．

この「人間と数学との関わり」というのが，この本を通して流れる最も重要なテーマである．そしてその際重要なキーワードが数学の「正しさ」と「美しさ」である．第2章では数学の「モデルの中での正しさ」について，特に連続性や極限といった概念を主軸として議論される．極限の考え方は歴史的に見ても有名な「アキレスとカメ」のパラドックスが示すように，ある意味，人類の知的活動における「思考」の究極的限界を示す非常に良い

尺度を提供する．現在ではこのパラドックスは「解決済み」と思われている節もあるが，人間が数や空間「そのもの」を認識することができない以上，このパラドックスも永遠にその有効性を保つのである．そしてそこでは上述のユークリッド幾何学の場合と同様の「実数」に対する人間の視点の劇的なシフトが述べられるし，それが将来超えられるべきものであることも示唆される．

第3章では「数学的帰納法」というものの正しさが，やはり連続性や極限という概念同様「そのままの」自然からは決して切り取れないものであることが議論される．そして，それに対する人間の（暫定的）解答としての「公理系」という考え方が示されることになる．

第4章と第5章のテーマは，先に述べた「パターン」の認識がいかに数学にとって大切なものであり，数学の世界を豊かなものとするかについて，主に「二項定理」という高等学校の数学にも出てくる題材を通して述べることである．「枠組みの中での正しさ」が人間と数学の関わりという点で若干消極的（実は決してそうではないのであるが）側面であるならば，ここで述べられる「パターンの発見」というテーマはその積極的側面と言えるかもしれない．

もちろんこれらだけでは語れない重要な側面もある．いくらその正しさが「暫定的だ」と言ってみたところで，やはりそのような状況を超えたところで「真の正しさ」があるように思われてしまうのも否定できない．そして

数学者と呼ばれる人々にとっては，むしろこのような意味での正しさの方が重大である．それはむしろ「美しさ」である．美しさである以上，これについて何か説明じみたことを試みるのは大変気が引けるのであるが，それでも第1部の終わりにはこの点についても触れてみることにする．

記号と意味

「人間と数学」という主要テーマと緊密に絡み合いながら，この本の内容の底流として密（ひそ）かに流れるテーマが数学の「具体的」側面と「抽象的」側面というディコトミー（二分法）である．数学が相手にする対象は「物自体」ではなく，それらの関係を抽象化した「記号」である．そしてこれが数学という学問に殺伐たる一般的印象を与え，敷居の高さを感じさせる要因になっていると思われる．

確かに数学において抽象化は重要な作業であるし，記号化はそのための最も有効な手段である．しかし，数学が扱う記号には必ず「意味」がある．それは「記号」の命であるとすら言い得る重要なものだ．そしてここでまた人間と数学というテーマに戻るのであるが，その命を吹き込むのは人間である．

虚数単位 i とは「2乗して-1となるような記号」である．ただそれだけのことを意味もなく考えるだけなら誰だってできるであろう．しかし，歴史上の虚数の発見

の真に重要な点は，そこに数学的な「意味」の可能性を見出し，これを積極的に利用することで真に「生きた」数として大成させたことにある．

このように，数学上の記号には意味が不可欠であり，意味が記号を生き生きとさせる．その生き生きとした生命の源に必ず人間がいる以上，それは（程度の差こそあれ）何らかの具体性を持つことになる．まさに数学における記号とは，具体と抽象の狭間（はざま）にある生きた言葉である．

このようなことは，何も虚数のような高級な数に対してのみ言えることではない．我々が日常使っている数字「1，2，3，…」についても実は全く同様のことが言える．これらの「数」は物を数えるときに使われ，重さを測るときに使われ，物の値段を表すのに使われる．それは全く日常生活に密着した「量を表す」数である．しかし，数にはこのような事物事象に取り憑いた具体的側面もありながら，一方でその具体的側面を超えた抽象的な意味合いも持っている．実際，我々は数の計算をするとき，それが値段を計算するときであっても，重さの合計を知りたい場合であっても，必ずいったん数字として，つまり「記号」としてそれを考え，紙に書くなり計算機に入れるなりして計算しているのである．そこには具体的な事物や事象との関わりを捨象した抽象的な数の姿が認められる．

数の持つこの「量」としての側面と「記号」としての

側面との間の緊張関係から，筆者はこの本の記述を始めようと思う．だからこれは第1章で扱われる内容である．

　数に代表される数学の対象が，その抽象的側面をより強調されるようになると，それらは時おり目をみはるような天真爛漫さを発揮して自由に振る舞い出す．その中には（全く不思議なことなのであるが）本当に数学的な「意味」を内包しているようなものも多い．そしてそれが新しいパターンや対応関係といったものにつながり，ひいては人間に新しい視点を持つよう要求することすらある．そのような例のいくつか（ごくわずかであるが）を第6章以降の章では扱おうと思う．そこでは（特に第8章では）最初は全く「タブー」としか思えないような現象にも遭遇することになる．しかしそのような中にも，我々は数や数式たちの自由奔放に見えて実は含蓄の深い内容を味わうことができる．まさに「数学にはタブーがない」のである．

　以上がこの本で扱う主要テーマの概観である．どれも非常に大きなテーマであり，「解答」を与えることは率直に言って不可能である．だから以下では，これらに対する筆者の一つの見方を示すにとどまらざるを得ないことを最初に断っておかなければならない．二つのテーマ「人間と数学」と「記号と意味」は，もちろん，この本の記述全体を通じて，あるときは明示的に，あるときは通奏低音として流れることになるのであるが，しかし大

まかな議論の流れから言って，最初の4章は主に「人間と数学」について，後の4章は「記号と意味」についての記述が中心課題となっている．そのため筆者はこの本を前後4章ずつの二部構成とした．

　この本は一般向けにわかりやすく数学を解説した本というよりは，むしろ「数学そのもの」についての本であり，数学についての筆者の個人的な思想や信条（そして心情も！）を率直に告白した本である．もちろんそうではあっても，題材が数学である以上，ときには数式が出てくることもあるし，数学上の難しい概念について述べることが必要なこともある．このような場合の筆者の基本的態度は，数式や概念を持ち出すことを安易に避けるのではなく，できるだけ思想的な意味での「それそのもの」を理解していただけるように工夫するということであった．数式の中には実際にその数学的な内容を理解しなくてもよいものも多く含まれているし，ある程度読者に理解を期待しなければならない場合には，その理解を助けるために最大限の努力をしたつもりである．それでも別個に説明が必要であると思われた際には，そのつど「解説」という節を設けて，できるだけ平易な言葉で説明するよう心がけた．また，これとは別に「トピックス」という節もいくつか設け，本文の内容と関連した（あるいはそれほど関連しないが面白そうな）話題についてまとめた．これも読者の理解の助けとなれば幸いである．

数学する精神 増補版　目次

理　　パターンの比較　　ちょっと歴史

p進数 「猫」の目

第 1 部

人間と数学

　数学における「正しさ」とは何であろうか．なぜ数学は「正しい」とされるのであろうか．その「正しさ」は数学という活動を行う人間とは独立なものなのだろうか．それとも，そこには人間の価値判断が何らかの意味で入ってくるのであろうか．

　そして，なぜ数学は「美しい」のであろうか.

　第 1 部ではこのような問いについて，筆者なりに様々な角度から考えてみたい.

第1章

計算できる記号

自然の中の数

　金言とか格言というものがある．哲学における「命題」にもそれは多い．ヘラクレイトスは「万物は流転する」と言った．古代哲学においては，自然や宇宙の仕組みを説明する原理を，このようにシンプルな命題に凝縮させたものが多い．

「万物とは……」というように，およそこの世にある事物事象の本質を貫かんとした格言は，当然ながら極めてシンプルで普遍的なものになる．それだけではなく，そこには意外性もあることが多い．数学における公式や命題の美しさと同様である．こういった要素があるからこそ，そこになにがしかの深みが感じられるのであろう．もちろん，これはこういった格言を発する当事者の，永きにわたる経験と深い洞察があってこそのものである．筆者などは一生かかっても，そんな金言を発することはできないだろうし，その自信もない．

　さて，ここに「万物は数である」と言った人がいる．ピタゴラス（**Pythagoras**，前582頃 - 前496頃）という人で

ある.「ピタゴラスの定理」とは「直角三角形の直角を
はさむ二辺それぞれの2乗の和は斜辺の2乗に等しい」
という, 有名な「三平方の定理」のことである. 実際の
ところピタゴラスがこの定理の歴史上の発見者でないこ
とは確実なのであるが, この有名な定理との連想で名前
を聞いたことがあるという読者も多いだろう. ピタゴラ
スとその周りにいた人々は歴史上有名な「ピタゴラス学
派」を形成し, 数を自然の仕組みを説明する根本原理と
する独自の学説を展開した.

　もっとも, その適用にはいろいろと無理や恣意的判断
もあったようである. 世界は数を原理として調和と均整
を保っている, というのがピタゴラス学派の学説の論旨
であったから, 例えば音楽における音律や幾何学などへ
の応用には確かに成功例も多い. しかし, 例えば倫理学
への適用においては, あるときは「5」が「正義」であ
ると言ってみたり, あるときはそうでなかったりと, 学
説として整合的で普遍性のあるものとは言えなかったよ
うである. 残念ながら日頃から数学に親しんでいる筆者
にも, どの数が正義でどの数が不正義なのかはわからな
い(というより全く興味がない).

　というわけで, 残念ながら我々はピタゴラス学派の学
説から善行悪行の分別について何かを学ぶことはできな
いのであるが, 彼らが数を自然の原理としたということ
自体には興味をそそられるのである.

　そもそも数には長さや面積・体積, 時間, あるいは重

さなどの「量」を表すものという側面があり，だからこそ自然の事物や事象と一体不可分なものであると考えられた．しかし，それと同時に数は事物や事象を超えていることも確かである．例えば「牛が2頭」とか「2日後」とかいう，それそのものとしては全く関連のない事象から共通の「2」という概念を抽象するまでには，人間は途方もなく長い年月を費やしたはずである．

このように「具体的」なものと不可分でありながら，同時にそれを超えて「抽象的」でもあるこの数というものに，多くの人々が神秘的な感覚を持ったのは自然の成り行きであったと思う．ピタゴラス学派の教説は，まさに神秘主義的な「数」という見方の一つの到達点であるとみなすことができるだろう．そこでは「自然と不可分な数」という側面をほとんど神学的とも言えるほど極端に推し進めていった結果，数が自然そのものなのだという考えに至ったのだと思われる．

数の二面性

今述べたこと，つまり数は具体的なものと不可分でありながら同時にそれを超えて抽象的でもある，ということは，「数」というものの持つ二面性を的確に表している．数には「量」を表す「アナログ的」側面と同時に，抽象的な「記号」であるという「デジタル的」側面がある．例えば「2頭の牛」という場合と「2は素数である」という場合とでは，2という数に対する人間の視点

は，確かにかなり異なっている．

　数学においてすら，その二面性の呪縛から完全に解放
されているとは言えない．数学といえば抽象的な学問の
代名詞のように思う人も多いだろうから，これは意外に
聞こえるかもしれない．しかし，例えばユークリッド
（Euclid，前365？‐前275？）の頃の数学においては，実
数とはほとんど線分や面といった幾何学的図形「そのも
の」であった．例えば1＋2＝3は，長さ1の線分と長
さ2の線分をつなげて長さ3の線分を作るということに
「ほかならなかった」し，2・3＝6は底辺の長さが2で
高さ3であるような面積6の長方形を作図することに
「ほかならなかった」．

　時代が進むにつれて，数の抽象的傾向は次第に強まっ
ていったことは事実である．しかし，それでも数が量概
念を通して自然界の事物や事象と不可分の関係の中で捉
えられてきたこと自体は，本質的に変わることはなかっ
た．完全な意味で抽象的な数，量概念や自然界の事物と
の関係一切を捨象した「記号」としての数という発想は，
どう早く見積もっても近代になってからの所産である．
そうは言っても，現代の数学といえどもこの「完全に記
号化された数」というもので日々作業しているとは言え
ない．これは全くの「デジタル人間」が考えられないの
と同様に不可能なことであるし，また究極までそうする
必要性もないのである．

「見よ！」

　今述べたように，具体的な事物や事象といったものが，まだ数からほとんど全然と言ってよいほど捨象されていなかった頃の数学では，数の計算の多くは図形を通してなされていた．この傾向は古代ギリシャの数学においても顕著であった．このような状況では，ほとんどの場合において命題や等式に「証明」が与えられることはなかった．「見る」ということでほとんどの場合はかたがついたからである．現在でも使われる「定理」という言葉のギリシャ語源は「テオレイン（theorein）」であるが，これは「よく見る」という意味である．

　命題に（今日にも通用する意味での）「証明」というものを付け始めたのは，ギリシャ人が最初であったと言われている．その証明の基本的スタイルはユークリッドの『原論』（ユークリッドによって紀元前300年頃に書かれたとされる当時の数学の体系書．「ユークリッド幾何学」はこれに含まれる．→「解説：ユークリッド幾何学」）に載っているような「幾何学的」証明であったと思われるが，そこでも証明の最終的な「決済」は何かと言えば，「見る」ことにほかならなかった．これは図形を扱う幾何学（ユークリッド幾何学）のみならず，数に関する議論においても同様である．例えば2・3＝3・2という「可換法則」の証明は，底辺2高さ3の長方形を90度回転させて底辺3高さ2の長方形にすればよい（図1）．「見よ！」と言えば，それでおしまい．

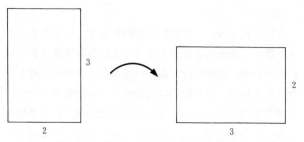

図1　「2・3 = 3・2」　古代ギリシャの数学では，数を線分や面「そのもの」とみなすことで幾何学的な数学が展開された

解説：ユークリッド幾何学

　ユークリッド幾何学とは直線や円といった図形の幾何を扱うもので，中学校くらいの数学の授業で習った人も多いであろう「三角形の合同」などを扱う初等幾何のことである．古代アレクサンドリアの数学者であったユークリッドは，それまで知られていた幾何学などの数学を体系的にまとめ，いわゆる『原論』として知られる全13巻からなる書物に記した．ユークリッド幾何学はそこで展開された当時の幾何学知識の大全である．その記述のスタイルは次のような三つの段階を踏む．

（1）まず扱うべき対象，つまり「点」や「直線」や「円」といった基本的な概念を定義する．（例：点の定義「点とは部分に分割できないものである」）

（2）次にこれらの対象が満たすべき基本的性質を公理（あるいは公準）として明示する．（例：第1公準「与えられた2点 *A*, *B* に対し *A*, *B* を結ぶ線分を一つ，そして唯一引くことができる」）

（3）公理が定める規則に従って，点や直線や円などによる幾何学の定理を証明する．（例：上述の「三平方の定理」）

公理は，例えば上に挙げた「第1公準」のように，我々が日常持っている直観からすれば全く当たり前のことを述べたものが多いのであるが，それだけにこれをわざわざ議論の前に書いておくということの意図が明白である．つまり，感覚的な直観にとらわれない厳密な知を得るために，できるだけ簡明な公理を約束事として，そこから例えば「三平方の定理」のような直観的にすぐにはわからないような事実を演繹するということ，あるいはそのような技芸を示すということに意図があったわけである．だからその記述の特徴は，出発点（定義や公準）や演繹議論の各ステップ一つ一つは明白であり簡単であるが，その積み重ねとして得られる結果（定理）はそう簡単ではない高級なものになる，ということにある．シャーロック・ホームズの大胆な推理はワトソン先生を驚かせるが，推理の一つ一つのステップは案外他愛もないくらい簡単なものであるということに，これはちょっと似ている．

中学校で習うような初等的な幾何学，例えば三角形

の合同といった概念にまつわる様々の定理（例えば
「二辺挟角：二つの辺とそれらがなす角が等しいなら合同
である」といった定理）や証明などは，ほとんどすべ
てこのユークリッド幾何学を原典としている．のみな
らず，その記述のスタイル，つまり

定義　→　公理　→　定理

というスタイルは，現代をも含めた後の数学の議論の
お手本として，二千年以上もの歴史の中で影響力を及
ぼし続けてきた．

　ユークリッド幾何学には，しかし，後のスタンダー
ドからすると論理的な不備や視点の不完全さなどがあ
ることも事実である．例えば上に挙げた「点の定義」
は，現代的な意味における「定義」の規準からすると
もはや定義にはなっていないものであるし，また第2
章に指摘するように，例えば円と円の交点の存在を自
明なものとして仮定しているといった論理的不備もあ
る（第2章の図8参照）．こういった理由から，ユーク
リッド幾何学は「厳密さに欠ける」ものとして否定的
に見られた時期も過去にはあった．また，いわゆる第
5公準（平行線の公理）に関する論争から，これを別
のものに置き換えた幾何学として「非ユークリッド幾
何学」が誕生（→第2章「トピックス：非ユークリッド
幾何学」）してからは，ユークリッド幾何学も数ある
幾何学の体系の一つに過ぎないとして，これを過小評
価する気運もあった．

　しかしながら，ユークリッド幾何学はその体系の完成度の高さと，現代的な数学の見方ともほとんど変わらない極めて洗練されたスタイルにより，今でも数学のお手本であり続けていることには何ら変わりはない．その意味でユークリッドの『原論』は，数学のみならず後の自然科学の基本的あり方に与えた影響が極めて大きいものであった．

　数学者が本を書くとき，幾人かの人々は『原論』が13巻からなることが気になるようである．20世紀の代数幾何学において革命的な仕事となったグロタンディークの EGA（*Éléments de Géométrie Algébrique*)[*1]という本は，そのスコープが膨大であったことや著者の個人的な事情などもあって，結局は第4章までしか完成されなかったが，初巻の導入部にはちょうど13章までの目次が計画されている．これはベートーベンが9曲の交響曲を作曲したということを後の作曲家，例えばシューベルトやブラームスが気にして，この「9」という数字に過剰な意識を持っていたことにちょっと似ていて面白い．

---

*1　Grothendieck, A., Dieudonné, J. : *Éléments de Géométrie Algébrique*, Inst. Hautes Études Sci. Publ. Math., no. 4, 8, 11, 17, 20, 24, 28, 32, 1961-1967.

代数学

　古代ギリシャにおける「幾何学的数学」の見方では，前述の通り，数の計算を事物や事象との関連が深い「図形」を通して行うことが一般的であった．これに対して「代数学」という数学の分野においては，数（だけでなくさらに広い数学の対象をも）を「記号」とみなす見方を重視する．それによって，数を他の「文字」などで置き換えて方程式を立てるといった操作を自由に行うことができるからである．その意味で，代数学の始まりには数をかなり高度に抽象的な対象として捉える歴史的な土壌が必要であったであろう．そう思えば，古代文明の時代から脈々と続いてきた幾何学に比べて，歴史上代数学がそれよりはるかに遅れて始まっているのも容易に理解できる．もちろん人間が「数」を認識するようになってから代数学が始まるまでの時間は，人間が「数」を認識するようになるまでに要した時間よりはるかに短いだろうと思われるのだが．

　歴史上の代数学の始まりは9世紀頃と言われている．中東の数学者アル＝フワーリズミーが西暦813年から833年の間に著したと言われる『アルジャブルとアルムカーバラの書（*Kītāb mukhtaṣar fī'l-ḥsāb al-jabr wa'l-muqābala*）』という書物がその始まりと言われ，その書名に現れる「アルジャブル（＝ al-jabr）」という言葉が，今日の用語「algebra（＝代数学）」の起源とされている．ここで「アルジャブル」と「アルムカーバラ（＝ al-muqābala）」は，

ともに等式の変形（例えば中学校で習うような「移項」など）の技術を表す言葉であり，これらの技芸を用いた計算とは，つまり2次方程式などの「代数方程式」を解くということにほかならない．

その意味で，この書物が数学の歴史における本格的な代数学の始まりと目されているのは異論の余地がないのであるが，その後の代数学の発展を眺めてみると，もう一つ極めて重要な契機が認められる．それは「＋」といった演算記号や，未知数や定数を文字化

F. ヴィエト 16世紀フランスのアマチュア数学者であったヴィエトは，代数方程式を体系的に扱うための便利な記号系を発明し，後に代数的手法が西洋数学全体に及ぼす影響の端緒となった

するといった抽象的な代数演算のための「記号のシステム」が発明されたことである．これはヴィエト（F. Viète, 1540 - 1603）によってもたらされた．前述の通り，代数学とは「記号としての数」の，少なくとも究極的には「形式的」な演算体系なのであるから，扱いやすい記号システムの発明は極めて重要なものであった．ヴィエトによってもたらされた，ほとんど現在我々が使っているものと変わらない記号システムによって，代数学はその後，急速に進歩を遂げることになる（その進歩がどのよ

うであったかは，しかしこの本の主題からは外れるので，こ
こでは詳説しない）．いずれにしても代数学においては，
高度に洗練され抽象化された数という考え方が重視され
「記号としての数」という視点が不可欠であった．

　歴史の中で「数」を捉えるとき，以上見てきたような，
数がその本性として持っている二面性，つまり

　　「具体的な事物や事象と表裏一体な，量概念として
　　の数」

という側面と

　　「事物や事象からいったん離れた，抽象的な記号と
　　しての数」

という側面の間の複雑で微妙な駆け引きを目の当たりに
する．時系列で見ると確かに前者の立場から次第に後者
の立場に人間の視点は移っていくのであるが，どちらか
一方のみに偏るということは不可能である．これらの側
面は，まるで双頭鷲の頭のように数そのものの本性から
離れることはできない．ただ相対的な割合が変化するだ
けである．

0の発見

　数学において，数に対する人間の視点の変化を時系列
で見た場合，それは前述の通り次第に量的見方から記号
的見方にシフトしていくというもので，これはおおむね
数学の歴史における普遍的現象であったと思われる．そ
の一方で地域別にこれを見てみると，それぞれの地域間

で微妙な温度差があったらしいことがわかる.

　ギリシャ人はエジプト人やバビロニア人から数学を学んだと言われている. そのエジプトではいわゆる「ハルペドナプタイ（縄張り師）」の技術から, 作図法などの実際的幾何学が発展していた. エジプト文明はナイル川流域で起こった古代文明として有名であり, そのナイル川は定期的に氾濫を起こす. それが上流の肥沃な土を下流域の文明地帯にもたらすのであるが, 氾濫が起こるたびに毎回土地の区画を測量し直す必要があった. そのため「縄」を使ってナイル川が運んできた土の上に正確な図形を描く技術が発達したのである. エジプト人の, この幾何学の伝統から学んだギリシャ人の数学もまた, 極めて幾何学的であった. 図形を通して数を捉えるというギリシャ人の一貫した考え方は, このような歴史を背景としている.

　一方, その他の文明地帯, インドや中国などでは, これとは異なる発展を遂げていたようである. もちろん, 古代よりシルクロードなどの交流路が物資のみならず文化の交流をも可能にしていたので, 文明間の数学文化の交流も当然あったと考えられる. 実際そういった文明間の交流の数学上の影響は, 現存する文献や遺跡などにいくつか見られることが指摘されている. そういった意味では「数の考古学」なるものも可能であるかと思う.

　それでも個々の文明においては, 基本的にはそれぞれ独自の「数」に対する見方を反映した独自の数学を発展

させていたのであるし，そのため上述した数の二面性に対する基本的態度にもおのずと文明間格差があったものと推定される．

　これは例えば数字を表す表記法にも現れている．我々が普段用いている「1，2，3，4，5，…」という数を表す文字は「アラビア数字」と呼ばれている．これとインドで発見されたと言われる「0」という概念によって可能となった「10進表記法」によって，現在我々が使っている数の表記はできあがっている．それに対しローマ数字は「I，II，III，IV，V，…」というもので，0にあたる文字はない．漢数字による表記「一，二，三，四，五，…」も同様である．

　この「0」という概念の有る無しは決して些細なことではない．実際，それは「量」対「記号」という数の二面性の割合とも関わる重要な問題である．

　ローマ数字では10は「X」と書かれ，100は「C」と書かれる．これらはいわば「1個の10」や「1個の100」という意味の記号である．だから，例えば20や30は「XX」とか「XXX」と書かれる．これに対して我々が普段用いる10進表記では，10は「10」，つまり「0個の『1』と1個の『10』」という記号で書かれているのである．

　例えば「CCCVIII」や「三百八」は「三つの百と八」と読めるにとどまるが，他方の「308」は「三つの百と0個の十と八つの一」，つまり

$$3 \cdot 10^2 + 0 \cdot 10^1 + 8 \cdot 10^0$$

という極めて規則性のよい数の表し方である.「 0 個の」なにがし,というのは量的見地からは「無」であり,それは明示する必要のないものであろう.一方の10進表記法ではこれをわざわざ明示するのであり,それはそれで無意味にも思われるかもしれないが,しかしこうすることで数を体系的に表すことが可能となり,数の「形式的」計算のためには抜群に優れた記号システムを作ることができるのである.

　実際,我々が小学校で習うたし算やかけ算の(繰り上がり方式の)縦型の計算は,数字という「記号」を用いた簡単なアルゴリズムとみなせるのであるが,そのような鮮やかな計算図式のためには数の10進表記が欠かせない.これを実感するには,簡単な 3 桁のたし算でも徹頭徹尾ローマ数字や漢数字でやることを想像してみるとよい.少なくとも「記号」による形式的な手続きでこれを実行するのは,ほとんど不可能だと思われるくらい複雑なものになってしまうだろう.だからこのような状況では,どうしても図形などによる量的直観から計算をするというやり方の方が簡明になる.ギリシャ人やローマ人はもっぱら幾何学を通して数を認識することに終始していたので, 0 を積極的に活用した10進表記というものが不要であった.他方のアラビア人やインド人の方はこのような便利な表記法を持っていたので,数を「記号」とみなす素地がギリシャ人のそれより多くあったと思われ

る．代数学の始まりがアラビア数学のアル＝フワーリズ
ミーの著書からもたらされた，というのもその証左であ
る．

　このように，０の発見が数の「記号」的見方の発展に
もたらしたインパクトは極めて大きい．

演算規則

　数を多かれ少なかれ自然界の事物や事象と表裏一体の
ものとして捉え，その量的な側面が強調される状況では，
たし算やかけ算といったものが何を意味するものである
かは直観的に明白である．その一方で，いったん自然界
から離れて抽象的な「記号」として数をみなすという視
点が強化されてくると，これらは記号と記号の間の形式
的な「演算」ということにほかならなくなってくる．も
ともと「記号」は，それそのものには何も直観的な意味
がない．つまり，それらはそれ自体としては「見よ！」
の対象ではなくなっているのである．だからそれを用い
て意味のある演算を行うためには，様々の「演算規則」，
つまりルールを確立しなければならない．

　その中には，例えば「可換法則」

$$a \cdot b = b \cdot a$$

もある．幾何学的外界にのみ数を見出していた頃は，先
に述べたように長方形を転がして「見よ！」と言えばそ
れで済んだのである．というわけであるから，そのよう
な立場からはこのような「明らかな法則」は何もわざわ

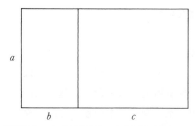

図2 「図形的」な分配法則 長方形の底辺を二つの線分に分けることで二つの小長方形からなる図形とみなし，その全体の面積が二つの小長方形の面積の和に等しいことを観察する

ざ明示したり注意したりする必要のないものである．

　しかし抽象的な代数学の立場からは，「a」や「$=$」といったものがそのままでは無意味な「記号」である以上，「可換法則」のような基本法則は証明するか，それとも最初に約束しておく「ルール」として明示しておかなければならない．

　もう一つ例を挙げるなら

$$a(b+c) = ab + ac$$

という「分配法則」がある．量としての数という認識では，昔の人々がやったように図2のような図形を書いて「見よ！」というのである．

　これらの法則は証明するべきものなのか，それとも公理として仮定するべきものかは，主として文脈に依存する．いずれにしても，記号としての数を用いて抽象的な代数の計算をする以上は，何らかの形で認識され確立さ

れなければならない.

二項展開

　しかし，一度そのルールが確立されれば，あとはそれよりほかに何も考えることなく，基本的には形式的・機械的な作業で様々な結果を得ることができる. そしてこれが「記号としての数」の優位な側面である.

　例えば

$$(a + b)^2 = a^2 + 2ab + b^2$$

という式がある. これは分配法則などの計算のルールだけから出るので，その計算作業は機械的である. 確かにそれは，古代ギリシャ人ならやったであろうように図3のような図形を軽やかなタッチで描いて「見よ!」で済ませるよりはまどろっこしい.

　しかし，このような作図をすることは往々にして機械的でない「発見的」なひらめきが必要である（読者の中にも平面幾何の難問が「補助線一本」で鮮やかに解かれるのを経験した人は多いであろう）. このようなひらめきによる議論は確かに優雅なものではあるが，発見にはルールに縛られない発想が必要とされるから，いつもできるとは限らない. 記号の演算としての文字式の計算にも，時おり「ひらめき」が必要な鮮やかな式変形というものがあったりするが，何と言っても機械的な作業の割合が多い分，多くのことを簡単にこなすことができる.

　3乗の二項展開式

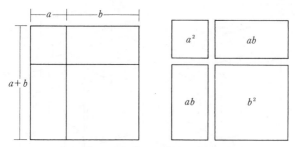

図3 「図形的」な2乗の二項展開 正方形を二つの小正方形と二つの合同な長方形に分割する

$$(a + b)^3 = a^3 + 3a^2b + 3ab^2 + b^3$$

についても同様のことが言える．単なる記号の演算に慣れているデジタル人間にとっては，それは $(a + b)(a^2 + 2ab + b^2)$ を分配法則を使って開くという機械的な作業があるばかりであるが，古代ギリシャの人々にとってはそれは次ページ図4のような作図を意味した．こちらの作図は図3に比べてはるかに複雑で，なかなか発見しづらいものであることは明白だろう．

そしてもちろん

$$(a + b)^4 = a^4 + 4a^3b + 6a^2b^2 + 4ab^3 + b^4$$

ともなると，作図して「見よ！」という方法ではもうお手上げである．

計算できる記号

数を事物からいったん離して抽象的な記号として扱う

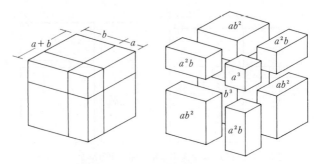

図4　「図形的」な3乗の二項展開　立方体を二つの小
立方体と二組の合同な三つの直方体に分割する

代数学という学問の大きな利点は，それがシンプルで普
遍的な「式（命題）」を扱うことができる，ということ
にある．これは主にギリシャ・ローマの数学に見られる
ような，幾何学的な図形の作図によって物事を決済する
という見方の対極にある考え方である．その意味で，代
数学のきれいな公式は金言や格言によく似ている．

　さらに言えば，数を記号にすることで直観から自由に
なり，計算の可能性が増すということもその利点として
重要である．抽象的な記号としての数というと何かスト
イックな印象を受ける読者も多いと思われるが，実はそ
うではない．むしろ事物事象の束縛から解放され，例え
ば後に第8章で見るように天真爛漫さを思う存分発揮す
るのである．それに対して，二つの数の積は面積を表し，
三つの数の積は体積を表すといった見方に固執している
と，では四つの数の積は？　ということになる．実際，

文字式の利用において，まだ数の「量的」側面の名残り
が多く残っていた時代には，4次以上の文字式は意識的
に排除されていたのである．

　しかし，記号としての数を運用するための準備として，
演算規則をいちいち明示する必要があるということは，
代数学が重視する記号としての数の考え方の消極的側面
と捉えられがちである．確かにそれは地味な作業である
し，人々を感心させるような派手さや意外性などはどこ
にもない（読者の中にもこれらの地味な演算規則を学校で
教わって，なぜそのようなものが必要なのか理解できなかっ
た人は多いだろう）．

　しかし，それは「記号に意味を吹き込む」という大事
な作業なのである．

　まさに数とは「計算できる記号」である．しかしそれ
は人間によって「意味」という命を吹き込まれた記号で
ある．そしてそれを吹き込むのが人間である以上，決し
て完全に抽象的なものとはなり得ない！

人間と数学

　以上述べてきたような，数や，ひいては数学そのもの
に対する人間の視点の移り変わりについて考えるとき，
筆者はつくづく思うのである．数学のような一見極めて
抽象的で，この世の真理の一端を厳密にかつ論理的に記
述せんとする学問も，時代背景や社会的状況と無縁では
いられなかった．そもそも「数」という最も基本的と言

える数学上の対象ですら，それに対する基本的な視点が
時代や地域の違いに左右され数々の変遷を経てきている
というわけだから．人々が生の自然から遠ざけられてい
た中世ヨーロッパにおいて自然科学や数学の発達が滞っ
たのは極端な例だとしても，ルネッサンス以降開花する
人文主義の空気がヨーロッパにおける代数学の発展とな
にがしかの関係にあると思われるし，さらに言えば，よ
り現代的な「公理的数学」（→「トピックス：数学の記号
化と公理的数学」）の初期の試みが，19世紀末西洋の頹廃
的空気と全く無関係であったとは思えない．

　このような「人間の仕出かす」物事と決して無縁では
いられない数学においては，したがってその「正しさ」
についての人間の視点も変遷し，ときには革命的な発想
の転換を経験することもある．第2章で我々はそのよう
な例を一つ見ることになる．しかしそれでもなお，数学
には何か人間を超えた崇高な整合性や均整が見られるの
も事実である．それは人間を超えたところにある「真
理」とも表現できるだろうし，多分もっとふさわしい表
現を使えば「美しさ」とも言えるだろう．

　一体，数学は人間を超えた実在の真理の反映なのだろ
うか．それともそれは人間が作ったものなのだろうか．
この問いが，数学における「正しさ」や「美しさ」とい
う観点や，第4章以降に扱われる「二項定理」という具
体的な題材を通じて，この本で考えていくことになる大
きなテーマである．なにしろテーマが大きすぎるから，

筆者の力量ではそれに少しでも「答え」らしきものを与えることはできない．ただそれに対するいくつかの観点を提示することを目標とするのみである．それだって満足にはできないに違いない！

トピックス：数学の記号化と公理的数学

　本文でも述べたように，現代の数学といえども一切の事物事象的意味を捨象した「完全に記号化された数」で日々研究活動を行っているとは言えないのであるが，それはそもそも「人間が行う営みとしての数学」全体を記号化することが（少なくとも現時点では）不可能だからである．このあたりの事情は後の章を読み進むにつれて次第に明らかになっていくことであるが，読み進む前の心理的準備として，ここで若干詳しく述べることにしたい．

　例えばユークリッド幾何学（→「解説：ユークリッド幾何学」）では点や直線，および円などの図形の取り扱いについて，最初にいくつかの「約束事」（公理）を設けた上で，そこから論理的に「三平方の定理」などの「定理」を演繹するという形式で理論が展開されている．この「論理的な演繹」という作業は機械的なものであるから，ある程度はそれを点や直線を表す「記号」のゲームに還元することはできるであろう．しかしこのような機械的作業だけでは，例えば

「三平方の定理」などの定理は「発見」できないのである．そして，この「発見」という創造的行為が数学のみならず他の自然科学でも最も重要な行為である．

　もちろん完全に機械的な作業でも，点や直線といった記号を公理という規則に従って，しらみつぶしに組み合わせていくことはできるであろう．しかし，こうして得られる結果のほとんどすべては，人間が「定理」として恭しく述べるほどには美しくないものばかりである．その多くはあまり意味のないものばかりだろう．

　これは例えば完全に機械的に単語を組み合わせて文章を作る，という作業を思い浮かべるとわかりやすいかもしれない．筆者が今ここに書いているような「文章」は，単語という「記号」が文法という「約束事」に従った組み合わせでできている．だから作文という行為を単語の機械的な組み合わせによるゲームに還元する，ということもできるのである．しかし，完全に機械的にこれを行ったのでは意味のある文章にはならない．しらみつぶし的な組み合わせでできるものは，そのほとんどが（たとえ文法的には正しいものではあっても）意味のないものばかりであろう．もちろん機械的な操作でも，そこになにがしかの意味を見出すことができるような一つの短い文を次々に出力するくらいはできるかもしれない．しかし，いくつもの文から構成される，ある程度長い文章を作るとなると，そこに

なにがしかの一貫した意味が見出せるようなものを完全に機械的に作り出すのは，どう考えても事実上無理であるとしか思えない．筆者が書いているような文章ですら，途方もなく多くある組み合わせの中の極めて少数でしかない珠玉の組み合わせなのである！

「ユークリッド幾何学」においては「三平方の定理」という極めて美しい金言は47番目の命題として出てくる．しかし，完全に機械的な記号の組み合わせで命題を次々に出していくという作業だけで「三平方の定理」にたどり着くには，何億何兆，いやそれどころでは済まない途方もなく多くの組み合わせを経なければならないだろう．とても「47」番目などという小さい数では済まない．コンピューターで高速処理しても何万年もかかるだろう．そして，たとえ何万年の歳月の結果これが組み合わせとして出てきても，それは特に注意されることなく他の意味のない大多数のものに埋もれた格好でしか出てこない．完全に機械的な作業では「美しい」ものを見出せないのである．

「ユークリッド幾何学」が一見機械的な作業のみで，47番目という，今述べた見地からすると驚異的な超特急で「三平方の定理」なる金言に至ることができるのも，それが実際は人間の創造的な行いだからである．金言が他の数ある可能な単語の組み合わせの中で，ことさらに見出され珍重されるのは，人間がそれに意味を吹き込み，意味を見出すからである．数学における

金言，つまり美しい命題や定理もこれに似ている．ここには人間の創造的所産である数学の姿がある．このことは第4章のテーマであり，そこで詳しく論じられることになるから，ここではこれ以上立ち入らないことにするが，以上のことが暗示するように，数学本体を完全に記号化することによっては人間による創造的な数学という営みを捉えることはできないのであり，その意味で「人間が行う営みとしての数学」全体を記号化するというのはあまり意味のあることではない．だから，定理や法則などの「発見」を日々目指して仕事をしている現代の数学者といえども，決して「完全に記号化された数」というもので作業してはいないのである．

　もちろん，先に述べたように「論理的な演繹」という作業そのものは機械的なものであると思えるから，この側面に限り数学を記号化するということは可能である．つまり「発見」といった人間の創造的営みとしての側面をそもそも視野に入れないならば，数学を「記号の算術」に還元することは（理想的には）可能なのであり，それはそれで極めて興味深い視点なのである．いわゆる「数学における命題知の問題」がそれで，これはどのような数学的命題が「正しい」のかということを判断するための方法を定式化しようとするものである．ここでは人間が数学においていかに新しい概念を生み出すかとか，どのような結果が興味あるもの

であるかといった側面でなく，何が正しいかという「判断基準」が問題とされている．先の「文章を作文する」こととの類似で言えば，これは統語論や意味論にあたるものと言えるかもしれない．これらの学問が昔から重要であったのと同様に，この意味での数学の記号化も重要で興味深い数学のトピックの一つとなっている．

D. ヒルベルト　19世紀終わりから20世紀初頭にかけて大活躍した数学者．世紀の変わり目にいわゆる「23の問題」を提唱し20世紀数学の発展をリードしたことでも有名．「23の問題」の第2番目の問題は数学の形式化に関する重要な問題で，これが後のゲーデル（第3章参照）による重要な仕事の発端となった

　数学における命題知の問題という発想の歴史は，実は結構新しい．その端緒は19世紀から20世紀への変わり目にヒルベルト（D. Hilbert, 1862‐1943）が提唱した「公理的数学」のプログラムと呼ばれているものが，その端緒である．ヒルベルトのプログラムは大雑把に言って，いくつかの（無定義な）記号と公理から出発して，その公理というルールに従った記号と記号の完全なる演算ゲームで数学を再構築しようという壮大な計画である．先に述べた「ユークリッド幾何学」が，それそのものは点や

直線といった記号の組み合わせのゲームとして捉えることができるように，この公理的数学が提唱するような数学の形式化のアプローチによれば，数学に現れる命題や証明のほとんどを適当なコーディングの下で記号の組み合わせに還元できる．

　しかし先に述べたように，この「公理的数学」のプログラムが行うことは数学の「ある一面」の形式化なのであって，人間の行為をも含めた数学本体の形式化なのではない．芸術的な創造活動が完全に機械化できないのと全く同様に，数学という活動も完全に形式化することはできないのであるし，またその必要もないのである．

第2章
ウサギとカメ

ゼノンのパラドックス

昔，といっても紀元前5世紀頃のことであるから大昔であるが，ゼノンという人がいて，この人は「無限」とか，その兄弟分と言ってもよい「極限」といった概念について考えた．これらの概念は，その後微分積分学の態勢が整って初めて数学的な言葉で語ることができるようになったのであるが，ゼノンの頃はそんなものは少なくとも萌芽的なものしかなかったから，ゼノンの考察も数学的というよりは哲学的なものであった．それでも，ゼノンはこれらの概念の極めて根本的なところを深く突いた考察を行った．その片鱗は有名な「ゼノンのパラドックス（逆理）」によって今日に伝えられている．

ゼノンのパラドックスと呼ばれるものは全部で四つある．その中でもとりわけ有名なのが「アキレスとカメ」のパラドックスである．アキレスというのはギリシャ神話に出てくる非常に足の速い神様のことなのであるが，なじみのない向きはこれをウサギだと思ってもらって構わない．ウサギとカメの童話は日本でもとても有名だか

ら，日本人にとってはこちらの方がなじみやすいだろう．ただし，ここに出てくるウサギは寝ない．

　今，ウサギとカメが競走することになった．そのいきさつと背景に何があったのかは，それはそれで興味のあることであるが，今の我々にとってはあまり重要でないので省略する．とにかく競走することになったのである．ウサギとカメは話し合って1メートル競走をすることになった．この1メートルがちょっと短すぎると思われて気になってしまった向きは，これを1キロメートルにしても1光年にしても構わない．とにかくある一定の距離を競走するのである．

　しかし，ここでカメにはハンデを付けることになった．ウサギとカメが普通にかけ比べをするのはあまりにも馬鹿げているし，まともに競走なんかしたらウサギの体面に関わる．そう判断したウサギは，カメがゴールまでの中間点，つまりゴールまで$\frac{1}{2}$メートルのところから出発してよいということにしたのである．

　そこでウサギは0メートル地点，つまり普通のスタート位置から，そしてカメは$\frac{1}{2}$メートル地点から一斉にゴール目指して出発した（ここからの話は図5を参考にするとよい．ここで白三角がウサギで，黒三角がカメである．スタート時の状態が図の上段である）．

　ウサギの走る速度はカメのそれのちょうど2倍である．そんな馬鹿なという感じもするが，そうしないと話の中に出てくる数値が複雑になるので無理矢理そういうこと

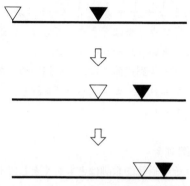

図5　ウサギとカメ　白三角はウサギを，黒三角はカメ
を表す．ウサギとカメの間の距離は常にカメとゴール地
点の距離に等しい．したがって，ウサギはカメに次第に
近付いてはいけるが，ゴール前にカメに追いつくことは
できない

にする．

　ウサギが中間点，つまり $\frac{1}{2}$ メートル地点に到達した
とき，カメは $\frac{1}{2} + \frac{1}{4}$ メートル地点にいる（図5中段）．
カメを追い越すためには，ウサギはまずそこまでいかな
ければならない．しかしウサギがそこに到達したとき，
カメはすでに $\frac{1}{2} + \frac{1}{4} + \frac{1}{8}$ メートル地点にいる（図5下
段）．

　ここでウサギは冷静さを失う．ともかくゴールまでに
カメを追い越さなければならない．そのためには今カメ
がいる場所に少なくとも到達しなければならない．しか
しウサギがそこに到達すると，カメはまたしてもそれよ

33

り前方である $\frac{1}{2} + \frac{1}{4} + \frac{1}{8} + \frac{1}{16}$ メートル地点にいる.

というわけでウサギはどうやってもカメに追いつくことはできないという,そういうお話.

ウサギはゴール到達前にはカメに追いつけない.今となって考えてみれば,カメにハンデを許したのがそもそも間違いであった.

勝負の判定は?

この話はその道徳的教訓はともかくとしても,数学的にはなかなか含蓄が深い.それは「ウサギとカメのどちらが勝者であるか?」と問うとはっきりする.

多分「ウサギが勝者である」と叫ぶ人はいないだろう.だから可能性のある意見は次の二つである.

(a) いつまでもウサギはカメに追いつけなかった.だから勝ったのはカメである.

(b) ウサギの速度はカメの速度の2倍で,ウサギはカメのちょうど2倍の距離を走ったのであるから同着である.つまり引き分け.

大方の人は「常識的」に判断して (b) の意見を支持する.もちろん,ことが常識的な物理現象である限りにおいて筆者もこの立場をとることにやぶさかではない.しかし,ゼノンはこれに対してかなり慎重である.実際ゼノンはこう述べている.このようにウサギはいつまでもカメに追いつけないのであるから,ウサギとカメが正確にゴール地点に同着するというのは幻想である,と.

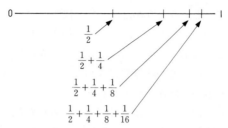

図6　走行距離　スタートからゴールまでの距離（＝
1）は，それを「無限に半分半分にして」できた部分を
すべてたしたものに等しい「はずである」

　幻想か現実かはともかくとして，常識的な見地から
(b) を支持する人にとってはこの「ウサギとカメ物語」
の数学的内容は次のようになる．ウサギが走った距離は
$\frac{1}{2} + \frac{1}{4} + \frac{1}{8} + \cdots$ と「半分半分を繰り返してたしてい
く」という無限和（つまり「無限個」の数のたし算！）で，
カメの走行距離にハンデ分の $\frac{1}{2}$ を加えたものも同じで
ある（図6参照）．(b) の意見が主張していることは，こ
れらがスタート地点から「ちょうど」距離1のところで
一致するということである．つまり

$$\frac{1}{2} + \frac{1}{4} + \frac{1}{8} + \frac{1}{16} + \cdots = 1$$

ということになる．

　しかし，この最後の式は若干の薄気味悪さを感じさせ
る．左辺は無限個の数の和であり，それはどこまでたし
ても1よりも小さく決して1に等しくはなれない．「無

限にたす」というどうがんばっても決してできるはずの
ないことをやったとして，そうして初めて1になると言
っているのである．冷静になって考えてみるとかなり無
茶な話である．この薄気味悪さがゼノンの「幻想説」の
根底にあるのではないだろうか．

　しかし，常識的な直観から判断する多くの人，つまり
(b) の意見を支持する人は，薄気味悪さがあろうがなか
ろうがこの等式を認めていることになる．ここに「無
限」とか「極限」とかが内包している逆理的特徴があり，
ゼノンのパラドックスはそれを見事に抽出している．

等比級数の和

　小学校で割り算を習うと，例えば1を3で割るという
計算を素直に行うことで

$$\frac{1}{3} = 0.33333333\cdots$$

という「無限小数」を初めて体験し，人は数の世界の何
とも不思議な世界の入り口を垣間見るのである．そして
人はあるとき，この式の両辺の「素直な3倍」を考える
ことで

$$1 = 0.99999999\cdots$$

という「式」に遭遇し，その「薄気味悪さ」のゆえに気
もそぞろとなり夜も寝られないのである．そのような
人々の中には高等学校で理系科目を選択し，その数学の
教科書にいわゆる「無限等比級数の和の公式」

$$A + Ar + Ar^2 + Ar^3 + \cdots = \frac{A}{1-r}$$

（初項 A で公比 r）を見出すことになる人も多いであろう.

この「公式」を習ったことがない人々にこの公式の内容を説明しようと思ったら，結局は先の「無限小数」を思い出してもらうのが一番手っ取り早いようである.実際，この公式で $r = \frac{1}{10}$ とし $A = 3$ とすると

$$3 + \frac{3}{10} + \frac{3}{100} + \frac{3}{1000} + \cdots = \frac{10}{3}$$

となるが，$\frac{10}{3} = 3 + \frac{1}{3}$ なので，両辺から 3 を引くと見事に $\frac{1}{3} = 0.33333333\cdots$ となる.というのも，0.33333 333…というのは，0.3 + 0.03 + 0.003 + 0.0003 + …というように「毎回 10 で割ってどんどんたしていく」というものであるから.同様に $r = \frac{1}{10}$ とし $A = 9$ とすると $1 = 0.99999999\cdots$ が導かれるのである.

もちろん，この公式が意味することは単に10進法（第1章で若干触れた）による無限小数ばかりではない.例えば $r = \frac{1}{2}$ として $A = 1$ とすると

$$1 + \frac{1}{2} + \frac{1}{4} + \frac{1}{8} + \frac{1}{16} + \cdots = 2$$

となって，これの両辺から 1 を引くと前述の「ウサギとカメの走行距離」を表す等式となる.「等比級数の和の公式」は以上のような，いわば「無限に r 倍してたしていく」という形の（無茶な）計算結果を表す式である.

ということは，逆に言うと高等学校の教科書にも載っ

ている「等比級数の和の公式」は，「ウサギとカメ」の
パラドックスに感じられる「薄気味悪さ」の根源である
とも言える．その根底には，つまり「無限回のたし算」
という現実には実行不可能な行為を無理矢理にも理解し
なければならないといういささか無茶な前提がある．実
際 $1 = 0.99999999\cdots$ というのは

$$\frac{9}{10} + \frac{9}{100} + \frac{9}{1000} + \frac{9}{10000} + \cdots$$

という「無限和」のことであり，これはどんなにたくさ
んの項をたして計算しても，確かに1に近付いていって
いるのであるが，しかし常に1より小さいし，いつまで
たっても決して1と等しくはなれない．それはウサギが
カメにいつまでたっても追いつけなかったのと同様であ
る．それでも「無限回のたし算」という現実には絶対で
きないことができたと（かなり無茶な）仮定をしてのみ
1に等しくなるのだ，という内容を言い表しているので
ある．教科書を鵜呑みにするならこんなことで悩まなく
てもよいのであるが，しかしこの公式の内容をそもそも
初心に返って考えだすと，人はまたもや気もそぞろとな
り夜も寝られなくなるであろう．そのようなオソロシイ
内容を，この「等比級数の和の公式」は表している．

　実はこの無茶な公式も，先に叙述した「ウサギとカメ
物語」の数値を文字に置き換えて「ウサギとカメ」のお
話の一般化，つまり「一般ウサギとカメ物語」を作ると，
その数学的内容としてそのまま得られる式なのである．

以下にそれを見てみよう.

　ウサギとカメがいた. これまた興味はあるが今の我々にとっては重要ではないあるいきさつで, この両者は競走することになった. ウサギが走る速度はカメの速度の S 倍であるとする. もちろんウサギの方が普通は速いので, S は 1 よりも大きな数である.

　ウサギとカメは A メートル競走をすることになった. 目ざとい読者ならウサギがカメに許したハンデはどのくらいのものか計算できるだろう. カメはハンデとしてゴールまで $\frac{A}{S}$ メートル地点, つまりスタート地点から $\frac{S-1}{S}A$ メートル地点からスタートしてよいということになった.

「用意ドン」でスタートして, まずウサギはカメのスタートした $\frac{S-1}{S}A$ メートル地点に到着する. しかしそのときカメはすでに $\frac{S-1}{S^2}A$ メートル進んでいて, スタート地点からの距離は $(S-1)A\left(\frac{1}{S}+\frac{1}{S^2}\right)$ に達していた. ウサギがそこに達すると, カメは小癪なことにさらに $\frac{S-1}{S^3}A$ メートル前方にいて, スタート地点からの距離は $(S-1)A\left(\frac{1}{S}+\frac{1}{S^2}+\frac{1}{S^3}\right)$ になっていた. そしてそこにウサギが着くとさらにカメは……あとは前のお話と同様である.

　この場合もウサギはゴール到着前には決してカメに追いつけなかった. だから先のウサギとカメの競走の場合と同じく, その判定には

　(a) いつまでもウサギはカメに追いつけなかった, だ

から勝ったのはカメである.

　(b)　ウサギの速度はカメの速度の S 倍で，ウサギは
　カメのちょうど S 倍の距離を走ったのであるから同
　着である，つまり引き分け.

という二通りがあり得るのである．そして「常識的」に
判断する多くの人が支持する判定は (b) であろうこと
も前と同様である.

　しかしそうだとすると，ウサギの走行距離とカメの走
行距離にハンデ分をたしたものが一致するのは，ちょう
どそれらが A メートルに一致するときだということに
なるから，つまり

$$(S-1)A\left(\frac{1}{S}+\frac{1}{S^2}+\frac{1}{S^3}+\frac{1}{S^4}+\cdots\right)=A$$

ということになる．この両辺を $S-1$ で割ると

$$A\left(\frac{1}{S}+\frac{1}{S^2}+\frac{1}{S^3}+\frac{1}{S^4}+\cdots\right)=\frac{A}{S-1}$$

となる．この式を $r=\frac{1}{S}$（これは 1 より小さい）として，
さらに両辺に A をたして書き直すと「等比級数の和の
公式」

$$A+Ar+Ar^2+Ar^3+\cdots=\frac{A}{1-r}$$

そのものが出てくる.

　だから，$A=9$ として $S=10$，つまりウサギがカメ
より10倍速く走れる（これは先ほどのものより一層現実に
近付いた）として，ウサギとカメが 9 メートル競走をし

たという状況を考えた上で，大抵の人々がするように
(b) の判定，つまり「同着」と判定するならば

$$9\left(\frac{1}{10}+\frac{1}{100}+\frac{1}{1000}+\frac{1}{10000}+\cdots\right)=\frac{9}{10-1}=1$$

となって，件（くだん）の「夜も寝られなくなる式」0.99999999…
＝1が出てくる．

　だから (b) を支持した人は，それと同程度の信念を
持って1＝0.99999999… を支持しなければならないし，
後者に自信がない向きは，もはや (b) の意見を持つの
に疑念を感じるのである．1＝0.99999999… という式
から感じる薄気味悪さはゼノンの言う「幻想」感によく
似ているということになる．それどころか，ゼノンのパ
ラドックスは「等比級数の和の公式」という公式の「正
しさ」に関わる問いである．慎重なゼノンの考察におい
ては，この高等学校でも習う公式が成立すること自体が
「幻想」であるというのである．こう考えれば，ゼノン
のパラドックスが示唆している問題が，いかに深刻なも
のであるかわかるであろう．

「連続」の難しさ

　ウサギとカメの寓話（ぐうわ）から導きだされた等比級数の和の
公式は，高等学校でも習うくらいだから，数学はもちろ
んこれが「正しい」という立場をとる．つまりゼノンの
言う「幻想」という見方はせず，ウサギとカメの勝敗に
ついては常識的な判定と同様に (b) の立場をとること

になる．しかしその「正しさ」は，例えば「7は素数である」というような命題の正しさとはちょっとニュアンスが異なるのである．このあたりの事情をここでちょっと詳しく説明してみたい．

　ゼノンが「幻想」と言ったこの薄気味悪さの背景には，そもそも「実数の連続性」という概念の難しさがある（「実数」については→「解説：有理数と実数」）．我々はこの世の中に様々な「連続」を見出す．スタートからゴールまでの空間は連続で，先にやったようにどこまでも半分半分に切っていける，と漠然と思っている．しかし同時に，空間には最小の単位と目されるようなものもあるだろうとも漠然と思ったりする．この二つの「漠然とした思い」が厳密には矛盾し合っているにせよである．ここで注意しなければならないのは，ここで言う「最小単位」というのは「物質の最小単位」ではないということである．素粒子と素粒子の間にある「空間」も，これを「何もない真空」であると言ってみたところで問題の本質的解決にはならない．そもそも「空間」とは何なのか，という根源的なところに問題のポイントがある．

　しかし，空間が連続か否かということはそもそも確かめようがない．どんな高感度カメラで瞬間瞬間を切っても，どんな高性能の顕微鏡で拡大してみても，ウサギとカメの位置の差をどこまでも精密に測ることはできない．つまり，空間が連続であるのかどうかを観察や実験などを用いて直観的に判定することはできないのである．

図7　数直線　実数が「連続的に」ならんでいるという
状況を直観的に理解する上で最も安直ではあるが，しか
し多分最も効果的な図示の方法．これによって人は「目
に見える数」として「実数」を直観できる（→「解説：
有理数と実数」）

$1 = \dfrac{1}{2} + \dfrac{1}{4} + \dfrac{1}{8} + \cdots$ や $1 = 0.99999999\cdots$ が薄気味悪
いのは，それが正しいのか間違っているのかを究極的に
は直観的に判定できないからである．

　人は高等学校の数学の授業で「実数」を教わるとき，
これを数直線を用いて直観的に理解する（図7）．そし
て，まさにその直観を通して「実数の連続性」を認識し
ようとする．その背景には図7のような「直線」が連続
的なものだという空間的直観がある．

　もちろん，例えば上のように紙に書かれた直線は顕微
鏡で拡大していくと単なるインクの粒の集合体でしかな
いので，いかなる意味においても連続とは言いがたい．
だからそのような物質的表象ではなく，そこから類推さ
れた観念として，全く連続などこまで細かくしても途切
れることのない連続体としての実数というものを考える
ことになる．$\dfrac{1}{2} + \dfrac{1}{4} + \dfrac{1}{8} + \cdots$ のように「半分半分」
を繰り返してたしていくということを極限まで行っても，
なにしろ実数は連続なのだから，つまりどこかに「穴」
や「断絶」があったりはしないはずだから，何かの実数

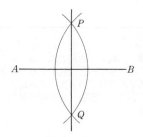

図8　垂直二等分線の作図　線分 *AB* の中点を通りこれ
と直交する直線の作図．二円の交点 *P* と *Q* を結ぶと求
める直線ができる．これらの交点 *P*, *Q* が存在すれば，
ユークリッドの第1公準（第1章「解説：ユークリッド
幾何学」参照）からこれらを結ぶ線分は引かれるが，問
題はその *P*, *Q* の「存在」である！

に収束しているはずだ．そしてそれは1に等しいはずだ．
こんなことを考えるわけである．そしてゼノンはまさに
これが幻想だと言っている．なにしろそれは確かめよう
がないから．

　同様の直観的（ゼノンによれば幻想的）議論は数直線
だけでない，もっと一般の空間認識にも見られる．そし
てその中には普段我々がうっかり見過ごしているものも
少なくない．例えば平面上の線分 *AB* の垂直二等分線の
作図として，ユークリッドの『原論』にも出てくる方法
を考えてみよう（図8）．これは *A* と *B* それぞれを中心
とする同じ半径（ただしその値は十分大きければ何でもよ
い）の円を書き，その二つの交点を *P* と *Q* としたとき
に，直線 *PQ* が求める垂直二等分線であるということを

主張している．中学校くらいで習った読者も多いと思う．

　この議論においては平面や円弧などは連続である，つまり「穴」や「断絶」はないということが暗に前提とされている．だからこそ，交点 P や Q がちゃんとあるのだ．しかし，このことはそれほど自明なことではない．例えば線分 AB の距離を 1 として，左で書いた二つの円の半径も 1 とすると，二つの交点は線分 AB からの距離が $\frac{\sqrt{3}}{2}$ のところにある．これは有理数ではないから，有理数しか知らない人にとってはそんな点が存在するとは言えない！　そして大昔の人々，例えば初期のピタゴラス学派の人々にとっては，実際すべての数は有理数であるという認識だったのである（第7章の冒頭で詳しく述べる）．だからそのような人々にとっては，このような垂直二等分線の作図はできるようで実はできない，つまり幻想となってしまうのである（逆に言えば，だから本当に「連続な実数」の概念が必要なのだということにもなる）．

解説：有理数と実数

　第1章でも述べたように，古代ギリシャの数学では数は線分などの図形「そのもの」であった．そこでは単位となる線分を任意に定め，それを「1」とし，そこから（目盛りのない）定規とコンパスを用いて作図できる「数」が，扱える数のすべてであったと言って

もよい．ユークリッドなどの数学者は，この単位線分を2倍や3倍すること，つまり一般の自然数に対応する線分を作ることができた．のみならず，与えられた任意の線分を（三角形の相似を使って）半分にしたり3等分したり，つまり自然数で割るということもできたのである．こうして得られた線分は，したがって自然数を自然数で割った形の分数で表される数に対応していた．古代ギリシャの人々は負の数を積極的に扱っていたとは思えないので，つまり「整数」の概念を本格的に持っていたとは言えないので若干問題があるのだが，これはギリシャ人による「幾何学的数学」において，すでに「有理数」（整数と整数の比で表される数）が縦横無尽に使われていたことを意味している．

　しかし，彼らが（意識的にせよ無意識的にせよ）扱っていた数はこれだけではなかったのである．第7章の冒頭で詳述することになるが，ピタゴラス学派の人々は，すでに定規とコンパスで幾何学的に作図できる数が「有理数」に限らないことを知っていた．例えば一辺の長さが1である正方形の対角線の長さは，現在の記号を用いて書けば「$\sqrt{2}$」という数，つまり2乗して2になる数なのであるが，ピタゴラス学派の人々はこの数が有理数ではないこと，つまりいかなる二つの整数によってもその比では表せないことを証明して「しまった」のである．

「線分の長さ」として「目に見える」数でありながら，

しかし整数と整数の比では表せないような「難しい」数の存在は当時の人々にとっては驚異であったであろうし，「数」というこの妙なるものの神秘を否が応でも感じさせずにはおかなかったに違いない．このように「目に見える」数でありながら「計算ができない」数を，人はいつの頃からか「無理数」と呼んで区別するようになった．$\sqrt{2}$ は無理数である．のみならず，例えば直径 1 の円の円周の長さである，いわゆる「円周率」（現在では「π」と書かれる）も無理数である．有理数だけでは「数」が完備されないとなると，人々は無理数をも含めた新しい数の概念を設定する必要に迫られる．大雑把にいって「実数」という概念はこのような思考の過程を経て次第に得られてきたと思われる．つまり実数とは，一番ナイーブな定義では「数直線」上にプロットし得る任意の数のことであり，それは有理数であるか無理数であるかのどちらかである．

　一般に無理数は有理数とは違い，それを認識するには必ず何らかの意味で「無限」（例えば無限個の数とか，無限回のたし算とか）を相手にしなければならない．有理数においては，例えば

$$\frac{1}{7} = 0.142857142857142857\cdots$$

のように「無限小数」で表されるものであっても，それは必ず（小数点以下どこかから）循環する（上の例では「142857」が循環し無限に繰り返される）ので，本質

的に有限通りの数のならびを知れば，その数について
の完璧な知識となる．しかし他方πのような無理数は
どんなに小数点以下多くの桁を書いても決して循環は
しない．したがって，それらを認識するにはどこかで
小数展開を打ち切って「近似」で満足しなければなら
ない．そして逆に言えば，このように有理数で近似が
可能である，つまり有理数の極限として書かれるもの
こそが「実数」なのであるという考え方が，ピタゴラ
ス学派の衝撃的発見以降二千年以上もの年月を費やし
て人類が最終的に獲得した「実数」の概念である．

　なお，単位線分から出発して定規とコンパスのみを
用いて作図できる「線分＝数」は，実はすべての実数
を尽くしていない．つまり定規とコンパスをどのよう
に使っても，決して作図できない長さというのもある
のである．例えばπや$\sqrt[3]{2}$（2の3乗根，つまり3乗し
て2になる実数）の長さを持つ線分を作図することは
不可能である（ガロア理論という19世紀に発見された極
めて美しい理論の一つの応用的帰結である）．これは特に，
いわゆる「角の三等分」や「立方体の倍積問題」（体
積が2の立方体を作図すること）が不可能であることと
も関連しているので，知っている読者も多いかもしれ
ない．

「モデル」としての実数論

実数や空間の「連続性」は，先に見たように極めて捉えがたいものである．7が素数であることは，例えば7の約数を全部書き出してみればわかることなのであるから，十分時間をかけて冷静に考えれば「観察」できる．実際，初等的な整数論を全く知らない人に対しても，約数とか素数といった概念を丁寧に教え込めば，数時間もしないうちに「7が素数である」ことの正しさを認識してもらえるはずである．しかし $1 = 0.99999999\cdots$ についてはそうはいかない．それが正しいのか正しくないのかは，どんなに時間をかけてもどんなに冷静になっても「観察」することによっては判定できない．

そんなとき，例えば数学以外の自然科学ならどうするだろうか．物理学や化学などの自然科学では自然現象を説明するために，まず仮説的な「モデル」を作る．そして，そのモデルが興味ある範囲の自然現象を的確に記述することをもって理論の価値が測られ，これをもって「正しさ」の基準となるのである．例えば，ちょっと昔の理論物理では「原子模型」などといったモデルを考え，これが自然現象を整合的に説明するかどうか考えた．もう一つ例を挙げると，例えば化学では分子構造や化学反応を表現するのに「化学式」というモデルを考える．

もちろん，これらはあくまでも「モデル」なのであって，分子レベルや素粒子レベルの実際の自然現象を「見てきた」人がそれを写生しているわけではない．実際に

炭素が「C」という形をしているわけではない．モデルはいったん自然現象から離れて抽象的に作られるのが常である．そしてその内容や結果をある範囲の自然現象と照らし合わせてみると整合的になっている，ということでその信 憑 性を測るのである．

「モデル」という言葉が若干語弊があると感じられるなら，これを「理論の枠組み」と解釈してもらってもよい．いずれにしても筆者はそのような意味でこの言葉を使っている．

　自然現象をモデルで説明するという自然科学の基本的態度を説明する中で，もう一つ忘れてならないのは，それがあくまでも「ある範囲の」自然現象の説明に限るということである．「化学式」のモデルは分子レベルでの現象の説明に役立つが，例えば惑星の運行に関する現象の解明には役に立たない（と思う）．また，ニュートン力学（古典力学）というモデルは物体の落下や振り子の運動など比較的に巨視的な現象の説明には極めて有効であるが，それ以外のレベルでの現象の解明には適さない．量子力学や相対性理論といった別のモデルが必要となる．さらに言えば，相対性理論はニュートン力学をさらに厳密化したものであるということも言えるから，この「ある範囲」というのは「厳密さのレベル」とも関係している．

　そしてこのことは「モデル」による説明という視点を理解する上で，さらにもう一つ重要なこと，つまりモデ

ルは「仮説的」なものであるということをも示唆している．ニュートン力学の体系が光速レベルの現象を記述するのには適さず（つまり整合性が保たれなくなり），そのためこれが相対性理論にとって代わられるというように，モデルには必ず暫定的な要素がある．そして新しい現象が観察され，それが既存のモデルで説明できなくなると，自然科学はまた新しいモデルを探し始めることになる．

　以上のことは上述の「ウサギとカメ物語」が（思考実験とはいえ）一種の自然現象なのだと思うと，今の場合にも適用される．言うなれば，現在の数学が持っている連続な実数の概念，あるいは「実数論」というものは一つのモデルと捉えられるべきなのである．その「モデルとしての実数論」という視点を確立し，これを「ある範囲」の厳密さのレベルにおいて満足のいくものにしたのは19世紀数学の偉大な到達点の一つであった．現在でも「厳密さのレベル」に違いこそあれ，この19世紀に確立された実数のモデルを基礎にして，数学者は空間やその連続性を論じている．そしてそのモデルの中で，例えば

$$1 = \frac{1}{2} + \frac{1}{4} + \frac{1}{8} + \frac{1}{16} + \cdots$$

や

$$1 = 0.99999999\cdots$$

は「証明ができる」という意味で「正しい」式となるのである．

　もちろん，上に述べた「自然科学におけるモデル」と

いう考え方と，ここで述べた「数学におけるモデル」の
考え方には若干の相違がないわけでもないし，このこと
は数学が他の自然科学から本質的に異なっている点でも
あるので注意が必要である．それはモデルの「整合性」
に関わる部分である．自然科学においては，その様々の
モデルの整合性は主に外界の現象との整合性を意味する．
しかし数学の場合，例えば実数論のモデルが紡ぎだす
$1 = 0.99999999\cdots$ というような公式が「現象的外界」
と整合しているということは，もちろん確かめようがな
い．であるから，ここでの整合性というのは（実は数学
には「consistency〔＝整合性〕」という専門用語があるので，
その用法には注意を要するのだが）外界の事象との関係に
おいてではなくて，主に「内的な整合性」を意味する．

　では，その内的な整合性とは具体的には何か？　と訊
かれると，これまた非常に困るのであるが，これは「矛
盾を含まない」という客観的な側面もあれば，「美し
さ」とも表現される「感覚的」な側面も多分に含んでい
るのである．美しい芸術にしばしば見られる「内的な均
整」と，これはよく似ている．このあたりの事情は第1
部の終わりに少し（恥ずかしながら）述べることになる
ので，ここではこれ以上深くは立ち入らないことにした
い．

実数論の「仮説的」側面
　上に述べたように，19世紀に入って「実数の連続性」

という概念はようやくそれなりのモデルを得たのである
が，それは当時の数学が「実数」を自然界にすでに存在
している数として捉えるのではなく，人間が最初から作
り出すべき数なのであるという発想の転換をどこかでや
ったからである．つまり，先にモデルを得るための心構
えとして指摘したように，いったん自然現象から離れて
抽象的にそれを構築しようという視点を打ち出したから
である．

　実数が（例えば定規とコンパスで作図できる線分のよう
に）もともと自然界にある具体的なもので，それを直観
的に捉えようとしていた当時は，実数とは「記述する」
あるいは「観察する」対象ではあっても人間が「定義す
る」あるいは「作り出す」対象ではなかった．しかし，
この立場にとどまっていると，どうしてもゼノンのパラ
ドックスのような幻想感が拭えない．なぜなら，どうし
てもそれは完全に正確に観察できないものだからである．
だからここで発想を変えて，そもそも実数を最初から人
間が作り出すものとして捉えたのである．

　それによって，例えば先に挙げた等比級数の和の公式
などは「証明できる」ものとなったが，その反面，これ
を支える実数論の基礎的な部分は，あくまでも仮説的な
（もっと言えば暫定的な）類いのものであるということも
同時に忘れてはならない．この実数論の基礎にある「仮
説的」な要素は，実は実数論だけでなくそもそも数学そ
のものの基礎にも言えることである．主に実数論の基礎

53

を構築するための要請として，19世紀数学は「集合論」という抽象的な装置を開発した．そもそも「集合」とはナイーブに言えば単に「ものの集まり」であり，その意味では，ものを関係付け，性質などによって分類するという人間の最も基本的な精神活動の所産である．しかし，これもまた「集合」そのものを言語化し，考察の対象とすることで「数」と同様に数学の基本的な対象となったのである．そしてまさに，その意味での「抽象的な集合」の概念が「実数」を作るための建築資材として要請され，考えられるようになった．さらにこの「集合論」を「モデル化」するため「公理的数学」という視点が打ち出されたのである（→第1章「トピックス：数学の記号化と公理的数学」）．現在ではほとんどの数学が（意識するにせよしないにせよ）「集合」によって物事の決済を行っている．これは集合論というモデルが，数学の様々な理論や現象を説明するのに非常に整合性のよい環境を提供するからである．しかし第3章においてもう少し詳しく述べるように，集合論といえども暫定的な側面からは逃れられない．また，現在ではほとんどの数学者が全く空気のようにほとんど疑いもなく無意識的に使っている「集合論」といえども，それが整合的に適用できるのはあくまでも「ある範囲」の数学である，ということも忘れてはならないのである．

　実数からなる数直線のような「空間」という概念に「仮説的な」視点を明示的に打ち出し，上述した発想の

大転換を惹起せしめたのは，筆者はリーマン（B. Riemann, 1826 - 66）が最初であったと考える．1854年のリーマンの教授資格取得講演『幾何学の基礎にある仮説について』の中に次のくだりがある．

B. リーマン　性格は病的なまでに内気で臆病であったそうであるが，数学においては極めて大胆に創造の翼を広げた．その後世への影響力の大きさは計り知れない．しかし病弱で生まれつき体が弱かったため40歳で短い生涯を閉じた夭折の天才である

「様々の規定法を許す一般概念が存在するときだけ，量概念というものは可能です．これらの規定法のうちで，1つのものから別の1つのものへ，連続な移行が可能であるか，あるいは不可能であるかに従って，これらの規定法は，連続あるいは離散的な多様体を成します．個々の規定法を，前者の場合，この多様体の点と言い，後者の場合，この多様体の要素と言います．」[1]

この有名な講演は，後にアインシュタインの一般相対

---

[1]　山本敦之による訳，D. Laugwitz 著『リーマン——人と業績』シュプリンガー・フェアラーク東京，p.358．原著：*Bernhard Riemann 1826 - 1866; Wendepunkte in der Auffassung der Mathematik*. Vita Mathematica, Bd. 10. Birkhäuser.

性理論に応用される「リーマン幾何学」(→「トピックス：非ユークリッド幾何学」)という新しい幾何学の枠組みを提唱したものとして知られている．ここでの趣旨は，空間の幾何学的構造を決める「計量」，つまり距離や角度を決める概念というものはもともと空間に内属したものではなく，仮説的に「与える」ものであるという視点を打ち出すことにあった．

　リーマン以前の古典的な空間認識は，本質的に現象の直観と表裏一体という考え方に基づいている．そのような古典的認識の中での一つの頂点は，カント哲学における空間認識の解釈であろう．カントにとって幾何学の概念は「物自体」のそれではないが，ア・プリオリな直観形式のひとつである．すなわち，カントによれば空間とは感性的表象力の形式に過ぎず，それゆえ彼は幾何学者が扱う空間の絶対性を主張するのである．

　この「一つしかない」絶対的な空間という考え方は，しかし19世紀に非ユークリッド幾何学が発見されて，少なくとも数学的には反駁されることになる(→「トピックス：非ユークリッド幾何学」)．

　カントの主張する空間認識は，結局本質的には自然を直観し観察することと表裏一体なものにとどまっていた．しかしこれに対して，リーマンの空間概念における思想には「概念」の優位があり，これが「量概念」を規定するのである．そしてその概念はア・プリオリな直観形式やカテゴリーに頼って形成されるものではなく，経験か

ら修正・一般化のプロセスを通して徐々に形成されていった仮説的なものである．そのような概念があるとき，そしてそのときに限り「量概念」という幾何学的構造を持った空間（多様体，Mannigfaltigkeit）を考えることが可能になる，とリーマンは主張している．

この仮説的な「多様体」の視点は，その後のリーマン幾何学，そしてそれにとどまらない現代的な空間の概念の発展に大きな思想的影響を与えたのであるが，それだけでなく，これは概念やその様々な規定法への特殊化を明示する外延的対象としての「集合」という対象を予見していた[*2]（いや，もしかしたらリーマンはすでにそれを超えていたかもしれない）．

このリーマンの考え方を我々の「ウサギとカメ物語」に当てはめてみると，それは次のようになるだろう．そもそも直観的な量概念が先で，そこから直観的に連続性を捉える限りは幻想感は拭えない．そうではなくて，そもそも「連続な実数」というものとして我々が（経験から修正・一般化のプロセスを通じて）持っている抽象的な概念をもとに，量概念といった基本的な構造を我々自身が作り出すのである．

これは第1章で述べた「数の二面性」，つまり「量」

[*2] Ferreirós, J.: *Labyrinth of Thought. A History of Set Theory and its Role in Modern Mathematics*. Science Networks. Historical Studies, 23. Birkhäuser Verlag, Basel, 1999. なお，拙著『リーマンの数学と思想』（共立出版，2017）も参照されたい．

としての数と「記号」としての数という視点からこの問題を考え合わせるとさらに興味深い．ウサギとカメが同着かどうか判定できなかったのは，我々が図5や図6を通じて認識される直観的な「量」（この場合は遠近）だけでこれを判定しようとしていたからである．しかし，そこで何度も出てきた「無限和」はこの見方では完全に把握できない．だからそもそもその「量」を表す「数」が抽象的な概念から規定されるものとして定式化され直さなければならない．無限和が「記号」として解釈され，それに意味が吹き込まれなければならない．そしてそれを行うのが「モデル」としての実数論である．

実数論の二つのポイント

実際にここで，そのモデルとしての「実数論」やその中での「連続」の定義について詳細を述べることはあまりに難しいのでできない（これだけで一冊の本になってしまう，いや，一冊では済まない）．それほど実数の概念は難しい．

しかし，数多くある重要なポイントの中で最も重要であると筆者が思う次の二つだけを選び，若干説明することにしよう．その二つとは

- 「極限」の概念の記号化
- 実数を作るための素材

である．どちらも「記号」としての抽象的な数という考え方がより一層推し進められることで実現される．

まず最初の「極限概念の記号化」である．これは（本質的には）いわゆる「$\varepsilon-\delta$（イプシロン・デルタ）論法」の発明である．これは「無限に繰り返すと…に近付く」という直感的な内容を，代数的な「命題」という形で厳密化したものである（つい最近までは大学初年度の微積分の講義で必ず習うものであったが，最近はそうでもない）．この素晴らしい発明は，実は本質的にはリーマンより以前，フランスの数学者コーシー（A. Cauchy, 1789‐1857）によってなされていた．

A. コーシー　コーシーは極めて多産な数学者であった．コーシーの洪水のような論文投稿に対抗するため，フランス学会報（Comptes Rendus de l'Académie des Sciences）は 4 ページより長い論文を受理しないという投稿規定を採択した．この投稿規定は現在でも有効である

次にもう一つの「実数の素材」についてである．なにしろ実数という「数」を人間が作ろうというわけであるから，その材料が必要であることは明らかだろう．実数の概念を自然界に求めていた時代には，そこにある「それ」が実数であったのだが，今となってはこれを最初から構成しなければならないのである．そして，その素材を提供する枠組みとして考えられたのがまさに「集合論」であった．

R. デデキント　その著書
『数について』によれば,
デデキントが「切断」によ
る実数の構成を思い付いた
のは1858年11月24日のこと
であった. デデキントはそ
の境遇から言って当時の数
学界の中心からは縁遠い存
在であったが, 虎視眈々と
研究を続け, 集合論という
言語を積極的に利用した新
しい視点を数学にもたらし
た

集合というのは直観的には
「ものの集まり」であるから,
それそのものはもちろん非常
に基本的で素朴な考え方であ
る. しかしここで言っている
集合論とは, 数や演算記号や
文字などと同様な「明示的な
数学の対象」としての集合を
扱う学問の枠組みである. し
たがって, それは「記号」と
しての側面がより重視された
抽象的な数学的インフラであ
る.

　リーマンの思想を実現させ
る方向でこのような抽象的装
置を整備していったのは, 後
のデデキント (R. Dedekind,
1831 - 1916) やカントール (G.
Cantor, 1845 - 1918) といっ
た人々である. ちょっと前までは大学1年生の微積分の
最初に出てきていた, いわゆる「デデキントの切断」[3]
による実数の構成には, まさに彼の整備した「明示的対
象としての集合」という考え方の一つの結晶化された形

---

[3]『数について』デデキント著, 河野伊三郎訳, 岩波文庫

を見ることができる．実際，これは「数」を「数の集まりとしての集合」に置き換えて認識しようという，極めて巧妙なトリックだからである．

　例えば有理数しか知らない人がどのようにして$\sqrt{2}$という無理数を認識するべきか？デデキントによれば，それは有理数全体を「２乗が２より大きなもの全体」と「２乗が２より小さなもの全体」という二つの部分に分ける（切断する）こと「そのもの」が$\sqrt{2}$という数なのだ！　というのである．「目に見える」

G. カントール　カントールがそのパイオニアの一人として構築した集合論や，それがもたらす「実無限論」は当時の数学界に激しい論争を巻き起こした（→第３章「トピックス：集合論と失楽園」）

数というレベルからは，あまりにも抽象的すぎて理解不能であるが，しかし「集合」を数同様に数学の明示的な対象と捉える立場からは，実はそれほど無茶な話ではない．そして，これらの新しい発想を基礎にして，今日の数学が持っている「実数」や「連続」の概念を与えるモデルが徐々に形成されていったのである．

　しかし，もちろんこれは一つのモデルに過ぎないのであるから，別のモデルもあり得るのである（実際，例えば，ロビンソン〔A. Robinson, 1918‐74〕の超実数モデルと

いうものがある）．それら複数の実数モデルの中で，我々
はどれかを「標準的」なものとして選んでいるのであっ
て，それが「正しい」唯一のモデルであるなどという数
学的な根拠はないのである．だから，どれを標準モデル
として採用するかは，時代とともに変化する人間の判断
に委ねられているとも言えるだろう．そして，モデルの
選択によっては「アキレスとカメ」のパラドックスに対
するアプローチや，その「標準的解答」も変わってくる
だろう．そういう意味では，「アキレスとカメ」のパラ
ドックスが突きつけている問題は，今でもその効力を保
ち続けているのである．

トピックス：非ユークリッド幾何学

　本文とは直接の関係はないが，「自然界と表裏一体
な」姿から西洋近代の数学が次第に解放されていく過
程で，いわゆる「非ユークリッド幾何学」の発見は極
めて重要なエポックであるので，これについて少し触
れることにしよう．

　「ユークリッド幾何学」（→第1章「解説：ユークリッ
ド幾何学」）においては，幾何学の命題は「公準」と
名付けられた一種の「約束事」を基本的ルールとして
演繹されている．ユークリッド幾何は五つの公準を持
っているが，その最後の公準（第5公準＝「平行線公
理」）は本質的には次のようなものであった．

図9　平行線　直線 ℓ に平行で点 P を通る直線は，ユークリッド幾何学の第5公準では「ただ一本」とされているが，これを「少なくとも二本」としたものが非ユークリッド幾何学である

・直線 ℓ とその上にない点 P が与えられると，P を通り ℓ に平行な（つまりどこまでいっても ℓ と交わらない）直線を<u>ただ一本</u>引ける（図9）.

　ここで大事なことは（下線を引いた）「ただ一本」ということである.

　この第5公準は，それはそれで「当たり前」と思わせるもので，その意味で「公準」として最初から仮定してしまってもよいと思わせるものであるが，しかしそれ以外の公準に比べてその見た目の複雑さにおいて突出していた. そのため，ユークリッド以後の多くの人々が「実は第5公準は第1〜4公準のみから証明できるのではないか」という印象を抱き，これを試みてきた. その中には，例えばルジャンドル（A. M. Legendre, 1752 - 1833）のような当代一流の人々も多く含まれていたのである. しかし，多くの人々の努力もむなしく，第5公準をそれ以外の公準から導くという試みはことごとく失敗に帰した.

C. F. ガウス 「数学の王者」とも言われるガウスは,自分で幕引きした18世紀までの数学の最高の到達点であり,また同時に19世紀以降の新しい数学の礎としてその流れを決定づけた

その理由は現代の視点から見れば,つまり第5公準は第1〜4公準からは「独立な」ものであるということなのであるが,数学の歴史の中でこれに最初に気が付いたのは,おそらくガウス（C. F. Gauss, 1777 - 1855）であっただろうとされている. しかし,ガウスはその考えを世間に公表することは慎重に控えた. ガウスがそのような考えに至ったのは19世紀初頭のことであったと考えられるが,その頃の数学研究の流れの中では,ガウスの画期的な視点が受け入れられる土壌が十分に準備されていたとは思えない状況であったし,ガウス自身この革命的アイデアが大きな論争を引き起こすことを予見して,発表をためらったようである.

しかしガウスの慎重さとは裏腹に,非ユークリッド幾何へと時代はとどまることなく潮流していたのである. 1820年代になってロバチェフスキー（N. I. Lobachevsky）とボヤイ（J. Bolyai）によって独立に非ユークリッド幾何は発見された. もちろん,彼らの仕

64

事は当時の数学界にすぐに受け入れられたわけではない
いが，このような革命的なアイデアがほぼ同時期に二
人の（しかもガウスを含めれば三人の）頭上に舞い降り
た背景には，やはりそれなりの数学的土壌がすでにあ
ったということなのであろう．

この「非ユークリッド幾何学」という新しい幾何学
は，「第5公準」に対してどのような態度をとるので
あろうか．実は何と，これを否定した公準から幾何学
を構築するというのがその出発点なのである．具体的
には

・直線 ℓ とその上にない点 P が与えられると，P を
通り ℓ に平行な直線を<u>少なくとも二本引ける</u>．

という公準を第5公準の代わりに採用する．この時点
ですでに，あまり直観的でない幾何学であるという印
象を受けるであろう．

それだけに非ユークリッド幾何学は（発表された当
時から）何か「奇妙な」幾何学体系として，受け入れ
には心理的困難が伴うものであったのであるが，以後
クラインやポアンカレによってその数学的モデルが構
成されるようになると，多くの数学者にも受け入れら
れるようになってきた．その際重要なことは，非ユー
クリッド幾何学が展開される「空間」は，ユークリッ
ド幾何学が仮定しているような「平たい」空間ではな
く「曲がった」空間なのである，という認識が一般的
に受け入れられるようになったということである．こ

の「曲がり具合」を数学では定量化して「曲率」というのであるが，その「曲がり」があるおかげで平行線がたくさん引けたりするような現象が可能となるのである．

　ユークリッド幾何学は「曲率が 0 で一定」な平面上の幾何学であるのに対して，非ユークリッド幾何学は「曲率が負で一定」な面上での幾何学である（ちなみに「曲率が正で一定」な幾何学は，いわゆる「球面上の幾何学」であり，球面のような「曲がった面」の上で，例えば赤道や子午線のような「大円」を直線として展開される幾何学である．そこでは平行線は一本も引けない）．ここで「一定」という仮定をさらに外して，場所によって「曲率」が変化する，つまり曲がり具合が場所によって違うような空間を考えると，ユークリッド幾何学や非ユークリッド幾何学をさらに一般化した幾何学体系ができあがる．大雑把に言って，それが本文でも若干触れた「リーマン幾何学」である．本文では「リーマン幾何学」の画期性の背後に，長さや角度を与える計量概念の「空間概念」からの解放があることを述べたが，曲率も同様に計量から規定されるものであり，空間に人間が「与える」種類の概念である（ちなみに，この「曲がり具合＝曲率」も計量から規定され得るという考え方は，実は非常に深い．これを面上の幾何の場合に最初に発見したのはガウスであり，ガウス自身その発見に驚いてこれを「Theorema egregium〔驚くべき定理〕」と名

付けた）.

　本文でも述べたように，リーマン幾何学は後にアインシュタインの一般相対性理論の中で極めて本質的な意味で応用されることになる．その際重要なことは，一般相対性理論の視座においては，時空（時間と空間を統合した概念）は「平たい」ものではなく「曲がった」ものであるということ，そしてそれによって，例えば重力によって光の進路が曲げられるなどといった，様々の「相対論的効果」が説明されるということである．

「非ユークリッド幾何学」の発見は，直観と表裏一体な数学や幾何学の古典的なあり方からの解放という意味で非常に象徴的な事件である．しかしその考え方の延長線上に一般相対性理論のような物理現象を捉える画期的な理論があるということはなかなか意味深長である．

第3章

ビールのパラドックス

何杯飲めるか

　個人的なことで恐縮だが，筆者はビール好きである．ビールが生きる糧とは言えないまでも，心の支えだとは確かに思っている．だから何かの理由で医者から飲酒を止められたりすると（最近本当にそのようなことがあった），それからしばらくは苦悶の日々である．

　もともと酒に強くはない筆者が無類のビール好きになった背景には，筆者がドイツに計2年留学したということがある．そこで筆者はビールの極めて美味なることを知り，以来ビールなしには人生を考えられなくなった．今でも仲間や学生たちとビールを飲んでいるときが人生最高の至福のときである．

　ドイツ北西部，ライン川が市中を貫くケルンには有名な大聖堂がある．その大聖堂のすぐそばに「フリュー（Früh）」という有名な造り酒屋があって，そこで飲むケルシュが旨い．そこでは小さくも大きくもない程度のグラスにビールが注がれて来る．一杯飲むと何も言わなくても次の杯が来る．それを飲み尽くしてもまた次の杯が

来る．この無限ループは飲み手がグラスの上にコースターを乗せて「もういらない」という意思表示をするまで続けられる．事情を知らないと大変なことになる．

　そんな造り酒屋でビールを飲んでいると，ふとこんなことを考える．筆者は確かにあまり酒に強くないから，この程度の大きさのグラスでも10杯も飲んだら飲み過ぎである．しかし，世の中には100杯くらいなら難なく飲める猛者もいるだろう．そういう人にとっては100杯飲み終わった後にもう一杯飲むくらいは大して苦しくはないだろう．そして，なにしろそいつは101杯も飲めるのだから，もう一杯くらいは大したことないに違いない．ということは，さらにもう一杯飲んで103杯目を平らげることだって簡単なはずだ．そしてさらに……と続いていけば千杯だって一万杯だって飲めないわけがない．一億杯だって可能なはずだ．

　もちろん，そんなことはないに違いない．

積のべきとべきの積

　二つの数，例えば2と3をかけて2乗すると，これは6の2乗ということであるから答えは36である．一方2と3をかけて6を作ってしまう前に，2と3各々を2乗しておいてその結果をかけるという計算もできる．2の2乗は4で3の2乗は9だから，4と9の積をとるということである．結果はやはり36で，前のものと一致している．

　これはつまり $(2 \cdot 3)^2 = 2^2 \cdot 3^2$ ということを意味している．当たり前のように思えるが，その仕組みをもう少し詳しく見ようと思ったら，両辺を「2乗」で書かないで素直に積の形で書いてみるとよい．

$$2 \cdot \underline{3} \cdot \underline{2} \cdot 3 = 2 \cdot \underline{2} \cdot \underline{3} \cdot 3$$

ということを，これは意味している．

　ここで右辺と左辺で少なくとも形の上で違うのは，各辺真ん中の二つの数（下線を引いてある）の順番が違うということだ．したがって，この等式が正しいことの根拠は $3 \cdot 2 = 2 \cdot 3$ であること，すなわちかけ算が「可換」であるということになる（第1章の「見よ！」を見よ）．

　3乗ではどうだろうか．つまり $(2 \cdot 3)^3$ と $2^3 \cdot 3^3$ を比べるわけである．もちろん両者を素直に計算して，その結果として出てきた値を比べるという作戦もあり得るだろう．しかし，それはちょっと愚かしい．もう少し賢くありたい．

　この場合も「3乗」の記号をやめて，積を素直に書いてみる．

$$2 \cdot \underline{3} \cdot \underline{2} \cdot 3 \cdot 2 \cdot 3 = 2 \cdot \underline{2} \cdot \underline{2} \cdot 3 \cdot 3 \cdot 3$$

両者をよく見て，形が異なっている部分，つまり下線を引いた部分に注目する．右辺の下線部は $2^2 \cdot 3^2$ である．一方の左辺の下線部は，$(3 \cdot 2)^2$ であるが，なにしろ $3 \cdot 2 = 2 \cdot 3$ なのであるからこれは $(2 \cdot 3)^2$ に等しい．

　ところで，ここが重要なのであるが，すでに我々は2

乗のときの計算結果から $(2\cdot3)^2$ と $2^2\cdot3^2$ が等しいことを知っている．つまり，上の下線部が等しいことを知っている．したがって，上の等号が正しいということになり $(2\cdot3)^3 = 2^3\cdot3^3$ がわかるのである．

　こうなると，やっているのは実は極めて他愛のないゲームだということに気付くだろう．重要なのは「可換法則：$2\cdot3 = 3\cdot2$」だ！

　だから4乗の場合も同様なはずである．実際にやってみよう．つまり $(2\cdot3)^4 = 2^4\cdot3^4$ を示すことである．今までと同様の「素直に積の形に書く」作戦を適用すると，これは

$$2\cdot\underline{3\cdot2\cdot3\cdot2\cdot3\cdot2}\cdot3$$
$$= 2\cdot\underline{2\cdot2\cdot2\cdot3\cdot3\cdot3}\cdot3$$

を示すことになる．今までと同様に，各辺真ん中に下線を引いた．左辺の下線部はよく見ると（ちょっと目がくらくらするが）$(3\cdot2)^3$ になっている．可換法則からこれは $(2\cdot3)^3$ に等しい．一方の右辺の下線部は $2^3\cdot3^3$ になっているから，前回の結論より下線部は等しい．ということは上の等式が等しいということになって，メデタシメデタシ．

　まとめるとこういうことになる．最初に可換法則から $(2\cdot3)^2 = 2^2\cdot3^2$ がわかった．そしてその結果と可換法則から $(2\cdot3)^3 = 2^3\cdot3^3$ が導かれた．そしてその結果と可換法則から $(2\cdot3)^4 = 2^4\cdot3^4$ が導かれた．

　こうなってくると，「同様に」$(2\cdot3)^5 = 2^5\cdot3^5$ や

$(2 \cdot 3)^6 = 2^6 \cdot 3^6$ や，さらにその先までこの議論を続けることができるだろうと類推される．それどころか，そうすればどんなべき指数 n についても

$$(2 \cdot 3)^n = 2^n \cdot 3^n$$

という等式が正しいと示されるに違いない！

どこまでできるか

いや待てよ，と思う読者もいるだろう．

筆者の場合，もともとさほどには計算が速くも得意でもないから $n = 10$ くらいまで続けたら，もう疲れてしまってそれ以上続けるのはウンザリである．しかし，世の中には $n = 100$ くらいまでなら難なくやってしまう猛者もいるだろう．そういう人にとっては $n = 100$ を計算し終わった後にもう一回同様の計算を繰り返すくらいは大して苦しくはないだろう．そして，なにしろそいつは $n = 101$ までも計算できるのだから，もう一回くらいは大したことないに違いない．ということは，さらにもう一回繰り返して $n = 103$ の場合の証明を与えることだって簡単なはずだ．そしてさらに……と続いていけば $n = 1000$ だって $n = 10000$ だってできないわけがない．一億だって可能なはずだ．

もちろん，そんなことはないに違いない．

それでもなお人間は上のような計算を見せられると，後は同様だと悟って「いかなる n についても」等式 $(2 \cdot 3)^n = 2^n \cdot 3^n$ が正しいはずだと（少なくとも）類推

できてしまうのである．ビールの場合とは大違いである．この人間の認識能力は不思議だ．

　もちろん，そこには「パターン」に対する感覚がある．上の計算を見ると，そこには一貫して流れるパターンがある．それは例えば

　・素直に積の形に直してみること
　・各辺について両端の数を残して下線を引くこと
　・そして「前回」の計算結果を適用すること

などである．そして，いったんこのパターンが認識できてしまえば，後は実際に計算をやってみなくても，どこまでも「同様にできる」と信じるのである．

　もちろん本当は実際に計算をやっていないのだし，すべての n について計算を続けるということは手を使っても計算機を使ってもできないのである．だから「できる」と断定してしまうのはちょっと薄気味悪い．第2章でとりあげたゼノン的な慎重さをもって言えば，それは「幻想」に過ぎないかもしれない．

　ビールのパラドックス

　読者はもう薄々気が付いているのではないだろうか．ここで現れた「薄気味悪さ」とか「幻想」とかいった感覚は，第2章で実況中継したウサギとカメの徒競走のときのそれと共通のものがあると．ウサギとカメの競走の場合と同様に，それは「判定」を下してみようとするとわかる．判定は二つに分かれるだろう．

(a) いつまでたってもすべての n について確かめることはできないのであるから $(2 \cdot 3)^n = 2^n \cdot 3^n$ が証明できたとは言えない.

(b) 計算の「パターン」はどこまでも同じなのだから,これをもって $(2 \cdot 3)^n = 2^n \cdot 3^n$ の証明として構わない.

こう改めて書き出してみると,どうやら (a) にもかなり分があるようだ.「ウサギとカメ」の場合は「連続」とか「極限」といった,数学的にも思想的にも難しい概念が相手であったから,そこに認識の困難が生じるのはある意味当然のことであったかもしれない.しかし今回の二律背反には,少なくとも数式レベルではそんな難しい内容はない.ある意味簡単で基本的な内容だけで「判定」の難しさ,つまり認識の困難さが現れている.その意味で,ウサギとカメの場合よりこちらの方がもっと基本的で微妙なところを突いている.

筆者はこの二律背反をゼノンのパラドックスに倣って(仮に)「ビールのパラドックス」と呼ぶことにしたい.ゼノンが第 2 章での判定 (b) が「幻想」であるとしたように,世のビール好きたちはここでの判定 (b) は「幻想」であると結論する(はずである).

一つ注意しておくべきことであるが,ここで「ビールのパラドックス」という名称を上の二律背反に用いたのは,あくまでも「象徴的な」意味でしかない.「何杯でもビールが飲めるか」という問題と「どこまでも計算を

続けられるか」という問題は，実際上その内容はかなり異なっている．「ビールのパラドックス」の問題点は，本来は「あと一杯くらいは飲めそうである」ということの曖昧（あいまい）さに問題の本質があるのであって，その点（2・3)^n ＝ 2^n・3^n という等式についての「次の場合も同様である」という認識の場合とは性格が異なっている．筆者がここで問題にしているのは，現実の現象的事実としてこれが確認できない（本当に無限に計算を続けることはできない）ことなのである．それをあえて，ビールがどこまで飲めるかという卑近な事象を象徴的に用いて顕在化しようとしたのである．

　だから，実際にビールを何杯でも飲むということが不可能であっても（というか不可能に違いないが），他方の（2・3)^n ＝ 2^n・3^n という等式についてはそれが「正しい」ことはあり得るのである．そしてまさに筆者は，これからその「正しさ」について議論しようとしている！

数学的帰納法

　数学は (b) の立場，つまり計算の「パターン」は同じなのだから（2・3）^{n} ＝ 2^n・3^n が証明されたとして構わない，という立場を支持する．それは「数学的帰納法の原理」（きのう）というものがあるからである．

　これは次のように書かれる，まるで何かの儀式の台詞（せりふ）のようなものだ．

—これより（2・3）^{n} ＝ 2^n・3^n が 1 以上のすべての整数

n について正しいことを証明する.

―第1段：$n = 1$ のときは題意は $2 \cdot 3 = 2 \cdot 3$ を意味し，これはまるっきり明らかである.

―帰納法の仮定：そこで $k \geq 1$ として $n = k$ までの題意が正しいとする.

―第 $k + 1$ 段：$n = k + 1$ の場合の題意の等式 $(2 \cdot 3)^{k+1}$ $= 2^{k+1} \cdot 3^{k+1}$ を変形すると

$$2 \cdot \underline{(3 \cdot 2)}^k \cdot 3 = 2 \cdot \underline{2^k \cdot 3^k} \cdot 3$$

となる. ここで各辺の下線を引いた部分は可換法則 $3 \cdot 2 = 2 \cdot 3$ と「帰納法の仮定」より相等しい. したがって $n = k + 1$ の場合の題意の等式が正しい.

―最終段：よって題意が証明された.

　数学的帰納法は高等学校の数学でも習うくらいであるから，聞いたことはあるという読者も多いと思う. そして同時に，これが実はなかなか理解に苦しむ論法であるという声もよく耳にする. なにしろ一見すると何をやっているのか全くわからない. 何やら畏まった荘厳な響きはあるが，その割にあまり名調子であるとも言えない.

　この台詞の内容がなかなか理解されない直接の理由の一つに，この論法が何一つ「実質的なこと」を証明していないように見えるということがあるのだろうと思われる. 第1段は大抵全く自明のことしか言わない. もちろん議論の核は第 $k + 1$ 段なのであるが，それも「帰納法の仮定」というお気楽なもののおかげで何かできているというだけの話であって，本当に実質的な議論をやって

いるのか疑わしい.

　そして極めつけは最終段である. どうして「証明された」ことになるのか, さっぱり見当がつかない.

常識的な見方

　多くの場合これには次のような説明がなされ, それが常識とされる.

—第1段で $n = 1$ のときが確認されたから, 次に興味があるのは $n = 2$ の場合である.

—その際, すでに $n = 1$ の場合が証明されているから, これは正しいものとして使って構わない. つまりこれが「帰納法の仮定」となる.

—そこで上の第 $k + 1$ 段の「記述全体」に $k = 1$ を形式的に代入する. するとそれが $n = 2$ の場合の等式の「証明」に早変わりする.

—$n = 2$ のときが確認されたから, 今度は $n = 3$ の場合を扱う.

—その際, すでに $n = 2$ の場合が証明されているから, これは正しいものとして使って構わない. つまりこれが「帰納法の仮定」となる.

—そこで上の第 $k + 1$ 段の「記述全体」に $k = 2$ を形式的に代入する. するとそれが $n = 3$ の場合の等式の「証明」に早変わりする.

　　　　　　　　　……

　あとはこれをどこまでも繰り返せばよい, というので

ある．つまり $n = 1$ から始めて段階的に $n = 2,\ 3,\ 4,$ … と証明を将棋倒しのように続けていけるというのがミソである．その際大事だったのは，つまり証明の「第 $k + 1$ 段」の記述が繰り返しの「パターン」を表しており，そこの k に数値を代入する（つまり文章に数値を代入する！）ことで，それが各段階の証明文になることを意味している．

　だからこれは，本来無限個の「証明文」を書かなければならないものを，有限のスペースにおさめるためのトリック（というか儀式）であるということになる．

　しかしこれでは上に顕在化させた「ビールのパラドックス」から抜け出していない．このままでいくと，何回でも計算ができる猛者が存在することになってしまう．そんなことはもちろんあり得ない．だから上の説明では「幻想だ」という批判に対して本質的な反駁になっていない．

　数学的帰納法が難しくて多くの人にとって理解できない，あるいは理解はできても「薄気味悪さ」が残る理由の一つがここにあると筆者は思うのである．

「公理系」の中の数学的帰納法

　これに対する解答はそもそも不可能である．それは現在の科学技術や数学のテクノロジーがまだ進歩しきれていないからではない．そうではなくて，ウサギとカメの寓話でどちらが勝者か判定できなかったように，直観的

には実験できない代物だからである．それは時間をかけて冷静に観察すればわかるという種類のものではない．「7は素数である」ということが証明できる，という意味での「証明」とは本質的に異なるものである．

　ウサギとカメの問題から出てきた「連続」な「空間」という考え方を取り扱うために数学が経験した極めて画期的な事件は，「いったん自然現象や直観的表象から離れてモデルを作る」というものであった．そしてそのモデルを構築するための抽象的道具を整え，健全で常識的な判断を「証明可能」なものとして明文化するというものであった．それは具体的で直観的な見方から離れ，抽象的な記号化という視点を通して行われるものであった．

　数学的帰納法の場合も同様である．上に与えた「常識的な見方」は全く「ウサギとカメは同着であった」というのと同じくらい健康的なもので，筆者もその見方には全く賛成する．しかし，それを「証明可能なもの」とするにはどうしても「モデル」が必要である．なぜなら，それは外界的な自然現象からは汲み取れない内容のものだからである．それは仮説的であり暫定的な側面もあるのだが，そこから先にできることの自由度は極めて広い．自然現象と離れる分だけ自由度が増すのである．数を「記号」と思うのと，これはちょっと似ている．

　さて，この場合の「モデル」とは何か．実はこの場合は（そして実は実数論の場合も）「モデル」という言葉はあまりよくない．というのも，数学の特に基礎論と呼ば

れる分野では「モデル」という言葉がすでに使われていて，専門用語になっているからである．だから筆者はここでは，今まで「モデル」と言っていた呼び名を変えて「公理系」と呼ぶことにしたい．この言葉が実際どのような意味を持つのかは，今の場合あまり重要ではない．単に言葉が変わっただけであると思ってもらっても構わない．

G. ペアノ　自然数論の公理化という仕事は，数学の新しい形式化と厳密さの枠組みをもたらした．現在でも集合論で用いられる記号の多くは彼の発明によるものである

　さて，第2章では実数論の「モデル」の話をしたのであるが，実は「自然数論」についても同様のことを考えた人がいる．ペアノ（G. Peano, 1858 - 1932）という人である．つまりこの人は自然数も実数のように，自然界にすでに存在するものとみなすのではなく，人間が（文字通り！）1から作るべき対象であるという発想を持ったのである．

　ペアノは自然数論を9個の公理からなる「公理系」として構築した．そしてその最後の公理がまさに「数学的帰納法の原理」そのものである！　つまり，ペアノは数学的帰納法の原理という論法は，ユークリッドの平行線

公理（→第2章「トピックス：非ユークリッド幾何学」）のように，証明すべきものとしてではなく「公理」として最初から仮定するという立場をとったのである．

　つまり乱暴な言い方をすると，この公理系の中では，上の「ビールのパラドックス」において現れた二律背反について議論するのは避けて「最初から（b）を仮定して話を進めますよ」という約束事から出発する，という態度をとるのである．これはちょっと都合がよすぎると思われるだろう．実はもちろん，物事はそう簡単ではないのである．

　このように二律背反に陥ったらいつでも都合のよい方をとって公理にしてしまえばよい，というわけではない．ペアノだってそのように安直に考えていたわけでは決してないだろう．「公理系」（というか卑近な言葉に戻るなら「モデル」）を作ったら，次にそれが「整合的」かどうかを判定しなければならない．ここで言う「整合的」というのは，ちょっと特別の意味がある．それは「その公理系の内部に矛盾が隠れていない」ということを意味する．

　我々はペアノの9個の公理から出発して，自然数について様々な性質を定理として導きだすことができる．その多くは機械的作業であろう．しかし，そうして出てきたどんな結果もお互い矛盾することはないということは，公理系を眺めただけではわからない．大丈夫だろうと思って計算しても，いつなんどき（例えば $0 = 1$ のような）矛盾した結論が出てきてしまって，それまでの話が崩壊

するとも限らないのである.
今日明日には矛盾は起こらな
いかもしれない. しかし100
年後にはどうなっているのか
想像もつかないであろう.

　もちろん, 自然数論(ペア
ノ算術)が無矛盾であるのを
疑う人はあまりいないし, 実
際それには証明もある. しか
し, だとしても, 今度はその
「証明」の意味が問題になる
だろう. ある理論体系自体が
整合的であるということを証
明するとは, 一体どのような
ことなのだろうか.

K.ゲーデル　押しも押さ
れもせぬ数学基礎論の巨匠
である.「完全性定理」や
「不完全性定理」, また「連
続体仮説」に関する仕事に
おいては, 人間理性に対す
る深い洞察と思想がにじみ
出ている

　実はこのことは, かなり注
意を要する問題なのである. ゲーデル (K. Gödel, 1906
–78) によって証明された「不完全性定理」という定理
がある. それによると, ペアノの自然数論の公理系が無
矛盾であることの証明を, ペアノの公理系の中で書くと
いうことは不可能である. したがって, ペアノの公理系
の無矛盾性を証明しようとするのであれば, ペアノの公
理系の外に何か別の公理系を設けて, その中でこれを行
おうとしなければならない. もちろん, そうすれば証明
が書けることもあるのであるが, あくまでも形式的な

「証明による決着」にこだわるなら，次にその別の公理
系の無矛盾性も問題になるだろう．とすれば，その証明
を書くために，またその公理系の外に何か公理系を設け
る必要が出てくる．というわけなので，公理系の中での
形式的証明だけというアプローチでは，堂々巡りに陥っ
てしまう．

集合論の中の数学的帰納法

　もう一つ別の見方がある．それは第2章でも触れた
「集合論」，もっと詳しくは「公理的集合論」という公理
系（→「トピックス：集合論と失楽園」）の中で数学的帰
納法を証明するという考え方である．

　現在よく知られている集合論の公理系は「ZFC - 集合
論」と呼ばれるものである．詳細はもちろんここでは触
れられないのであるが，しかしこの公理系の中では確か
に数学的帰納法の原理は「証明可能な」定理であるとい
うことが知られている．だから現在の数学がその基本的
立場としてとっているように，このZFC - 集合論とい
う（巨大な）「モデル」を認めるなら，その（仮説的な）
意味で「数学的帰納法は正しい」ということになるので
ある．

　もちろん，ペアノの公理系の場合と同様に，この場合
もZFC - 集合論の公理系の無矛盾性は当然問題となる．
そしてそれは究極的にはわからないとしか言いようがな
いのである．であるから「数学的帰納法は正しい」とい

う健康的で常識的な判断も，その厳密さの範囲によって
は実数の連続性と同様に仮説的であると言わざるを得な
い．「ゼノンのパラドックス」と同様に「ビールのパラ
ドックス」もまだ問題として有効性を保つのである．

　こう書くと筆者は非常に「数学的帰納法」の正しさに
ついて消極的な意見を持っているともとられそうだが，
もちろんそうではない．筆者はそれは正しいと思ってい
る．それは証明できるとかできないとかという問題では
ない，なかなか言葉では言い表せない感覚である．そし
て筆者は，数学的帰納法が数学にとって不可欠であるこ
とも知っている．このような論法があって初めて考える
ことが可能になる，数学における対象や発想は，それこ
そ星の数ほどもあるだろう．数学的帰納法は数学という
学問の豊かさを陰で支えていると言っても過言ではない
と思う．

　ただ，ここで筆者はこの悪名高い「数学的帰納法」と
いうものについても，そして同様に第2章で考えた「連
続」な「空間」というものも，それらが「正しい」とい
うことの意味は簡単ではないと言いたかったのである．
数学における「正しさ」には様々な種類がある．「7は
素数である」のような，数についての基本的な概念さえ
知っていれば合理的な時間内に「観察」して確かめられ
る正しさもあれば，実数の連続性や数学的帰納法のよう
に，ナイーブな「観察」によっては決して正しさを立証
できない種類のものもある．そしてその観察できない

「正しさ」を「証明できる」ものとして確立するために
は，より深い概念装置を必要とする．それは常識的正し
さを立証する「モデル」であり，それを作るのは人間で
ある．作り手が神や自然本体でなく人間である以上，そ
のモデルにはなにがしかの暫定的要素が必ずある．そし
てそれは将来また別のモデルや発想によってとって代わ
られる可能性を常に持っているのである．この人間臭さ
が，しかし，かえって数学という世界を豊穣なものにし
ているのであると筆者は思う．

　数学に殺伐とした印象しか持たない人たちには，是非
ともわかってもらいたいことである．

トピックス：集合論と失楽園

「集合」とは（少なくとも20世紀においては）数学にお
ける命題を構成する基本的対象であり，論証の決済を
行うための抽象的インフラである．もう少し具体的に
言えば，それは（ほとんどの）数学が扱う対象，つま
り「もの」である．そして「もの」と「もの」の関係
を定式化したのが集合論である．

　最もナイーブには，集合とは単に「ものの集まり」
である．S が「集合」であり x という「もの」が S に
「属している」ということ，言い換えれば x が S の
「要素である」ということを

$$x \in S$$

という記号で書く．集合をものの集まりと解釈すると
きの人間の認識の根底には，集められる「もの」と集
まってできた「集合」という二分法がある．上で「も
の」を小文字で書いて「集合」を大文字で書くところ
にも，そのような心理的な効果が働いている．そこに
は，例えば「リンゴ」と「リンゴの集まり」といった
外界的表象認識の影響が色濃く現れており，その意味
でまだ完全に記号化されていない素朴な集合に対する
考え方を見て取れる．

　そしてデデキントやカントール（第2章参照）によ
って創始された当初の集合論は，本質的にはそのよう
な楽園的なものであった．そこでは，ユークリッド幾
何学で「点の定義」が問題となったように（→第1章
「解説：ユークリッド幾何学」），本来なら「もの」の定
義をしなければならないところである．なにしろこの
素朴な集合論の立場からすると「始めに『もの』あり
き」ということにならざるを得ないから．しかし当時
は何が「もの」なのかということはあまり問題視され
ていなかったようである．実際，数学が自然界からそ
の対象を見出す限りは，それは本質的な問題とはなら
ない．つまり「もの」とは外界の事物事象，あるいは
その背後に直観される「それ」であったわけで，こと
さらに問題とするに値しなかったわけである．その際
「もの」とは人間理性が考察の対象とするすべての
「それ」なのであり，集合はこれらのいくつかを集め

たものにほかならない.

　しかし20世紀的な「公理的集合論」という立場では,
この「もの」と「集合」という二分法は採用しない.
そしてこの点は,　20世紀的な集合論とそれ以前の素朴
な集合論の本質的な視座の違いをよく表している.　20
世紀的な集合論では「もの」も「集合」も両者とも同
等な意味での「もの」,　しかも「無定義なもの」とし
て見る.　ユークリッド幾何学における「点」の定義
「点とは部分に分割できないものである」が現代的な
意味での定義になっていないのは,「部分」とか「分
割」といった未定義の概念を用いているからである.
数学における「もの」の定義においても「人間理性」
とか「考察の対象」とかいう曖昧な言葉を用いる限り,
それは厳密な定義とはなり得ない.

　これは第1章で述べた「数」の概念の形式化の問題
と事情がよく似ている.「数」というものは定義でき
ない.　だから「数」を無定義語として,　つまり形式的
な記号として考え,　それらの間の演算規則（結合法則
や分配法則など）を明確にすることで「意味」を吹き
込むという考え方に至るのであり,　それが第1章を通
じて筆者が述べた「数とは計算できる記号である」と
いう考え方なのである.　公理的集合論における「も
の」の考え方も同じで,　つまり「もの＝集合」を無定
義語とし,　それらの間の関係（例えば先の式に出てき
た「∈」という関係記号）のあり方を「公理」として

明示することで，それに「集合」として我々が持っている直観的な「意味」を吹き込む，という考え方である．だから公理的集合論においては集合は究極的にはただの「記号」であり，我々が思い描くような意味での集合である必要はない．ただその公理という約束事が，この「記号」に集合らしく振る舞うように要求するだけである．これは第1章で述べた「自然界における数」と「記号としての数」という視点の相違にも深く関係している．

それでは，そもそもデデキントやカントールによってもたらされていた「楽園的」な素朴集合論が，なぜ世紀の変わり目に，より現代的な「公理的集合論」にとって代わられなければならなかったのだろうか．

19世紀から20世紀への変わり目あたりになって，その楽園から「アダムとイブ」（デデキントとカントール）が追放される事態が生じた．1897年にブラリ＝フォルティ（C. Burali-Forti, 1861-1931）が「禁断の木の実」つまり「実無限」を用いて，彼らの集合論の中に明白な「矛盾」があることを示した．さらに1908年にはバートランド・ラッセル（B. Russell, 1872-1970）が驚異的に明快なパラドックスを示して，これにとどめを刺した．

この「ラッセルのパラドックス」は，難しい概念を一切用いないで見事に矛盾を導きだしているという点で，極めて興味深いものであるので，ここで紹介しよ

B.ラッセル　有名なラッセルの逆理はナイーブな集合論に対する逃れようのない決定的な攻撃であったが、ラッセル自身は集合論という枠組みの「正しさ」についてはむしろ楽観的であった。しかし、ラッセルはその後、自分自身が崩壊させた楽園の再構築には失敗したのである

うと思う。ラッセルのパラドックスの本質は「自分自身を要素に持つような集合」、つまり

$$U \in U$$

が成り立つような集合の存在が矛盾を引き起こす、という点にある。普通の集合、例えば「自然数全体の集合」においては、その要素は各々の「自然数」であり、「自然数全体」というひとかたまりが要素となることはない。もっと卑近な例で説明すれば、例えば「K大学の学生全部からなる集合」の要素はK大学の学生各人なのであり、「K大学の学生全部からなる集合」自身が「K大学の学生全部からなる集合」の要素とは決してならない。だからラッセルが考えるような「自分自身を要素に持つような集合」というのは、我々の直観からすれば「あってはならない」集合である。

　しかしラッセルは、デデキントとカントールによる「脇のあまい」集合論から、そのような集合を作って

しまったのである．それは「すべての集合の集合」という実に簡単なものであった．つまり，人間理性の考察が及ぶ限りのすべての集合というものを集めて集合を作ってしまえばよい，ということである．そのような集合も「集合」なのであるから，自分自身，つまりすべての集合の集合の要素となっている．

さて，そのすべての集合の集合をUとしよう．その要素（つまり集合）の中で「自分自身を要素に持つような集合」全体からなる部分をA，そうでないもの，つまり「自分自身を要素に持たないような集合」全体からなる部分をBとする．UはAとBの和であり（つまり集合は「自分自身を要素に持つ」か「自分自身を要素に持たない」かのいずれかである），AとBは共通の要素を持たない（つまり「自分自身を要素に持」ち，同時に「自分自身を要素に持」たない集合というのはあり得ない）．

そこで次に検証しなくてはならないのは，Bという集合が「自分自身を要素に持つような集合」ではないかどうかである．もしBが「自分自身を要素に持つ」とするとBはBの要素である．つまり$B \in B$である．しかし，Bという集合はそもそも「自分自身を要素に持たない集合」全体であったから，Bは「自分自身を要素に持たない」ということである．これは

$$B \in B \Rightarrow B \notin B$$

ということ，つまりBがBに属するならBはBに属

さないということを表していて，これはあからさまに矛盾である．

　この矛盾は $B \in B$ と仮定したことに問題があったわけであるから，したがって $B \in B$ と仮定してはいけないことになる．ということは $B \notin B$，つまり B は「自分自身を要素に持たない」のだということがわかる．しかし，今度はこの「$B \notin B$」という仮定から出発すると，なにしろ B は B の要素ではないのであるから，これは A の要素でなければならないが，そもそも A は「自分自身を要素に持つような集合」全体からなる集合であったわけであるから $B \in B$ が結論されてしまう．つまり

$$B \notin B \Rightarrow B \in B$$

ということにもなってしまうのである．

　つまり B は「自分自身を要素に持つ」としても「自分自身を要素に持たない」としても，いずれにしても矛盾が生じてしまうことになる．これはオカシイ．これがラッセルのパラドックスである．ラッセルのパラドックスはデデキントやカントールによって構築された素朴な集合論の「内部」に，このような矛盾が存在することを明らかにしてしまったのである．

　こうして失楽園が現実のものとなってしまったときの数学者や論理学者たちの態度には各人各様のものがあり，数学思想史という観点からも実に興味深い．もちろん過激な非プラトニズムもあったのであるが，多

くの人々はエデンの園の存在を遠くかなたに信じ続けたようである．そこには「証明できるとかできないとか」いう問題とは別個の「美しい」ものを信じ続けるという何か宗教的な感覚もあったのかもしれない．

　ラッセルは論理学の立場から楽園の救済に取り組んだが，それは成功しなかった．ヒルベルト（→第1章「トピックス：数学の記号化と公理的数学」）も数学者の楽園を取り戻すことに，固い信念を持って取り組んだ人の一人である．現代では，集合論という楽園を取り戻すために「公理的集合論」という装置が発明されたという見方が一般的であり，それはもちろん正しいのであるが，そもそも多くの人々にとってその「楽園」に対する信念にはもとより変わりはなかったのであるし，「公理的集合論」が一つの公理系として（つまり「モデル」として）の仮説性を持つ限り，それそのものが完全なる「楽園」の復元なのだとも言えないのである．

　現在最も信頼されている集合論の公理系は「ZFC‐集合論」と呼ばれているものである．これは確かに（それが実際にはいかに複雑であろうとも）ほとんどの数学者にとっての「楽園」となっている（いや，実はそうではなく，本当の楽園は遠くかなたにあって，「ZFC‐集合論」はその一つの現世への投影である）．実際，普段集合をもって物事の決済を行っている数学者のほとんどは「ZFC‐集合論」の中で作業しているという自覚

を持っていないし，また持つ必要もないことが多かったからである．しかし，将来はどうなるかわからない．すでに「集合論」という考え方そのものの限界も，ちらほらと垣間見えるようにも思われる．ポアンカレは「将来の世代は，集合論を，なおってしまった一つの病気とみなすであろう」と言ったそうである．確かに「公理的集合論」によって病気は「ほとんど」治癒したと言える．しかし，それでもなお，それは「病気」であることには変わりないのかもしれない．そしてこれがポアンカレが本当に言いたかったことなのかもしれない．

第4章

コンピューターと人間

我思う故に我あり

デカルト（R. Descartes, 1596 - 1650）の「我思う故に我あり（Cogito, ergo sum）」という命題はあまりにも有名である。哲学の最も根本とするべき第一原理を得るために、それこそあらゆる、少しでも不確実と思われるものを疑わなければならないという徹底的な懐疑を行っていたデカルトは、まさにその「懐疑する我」の存在こそ疑い得ないもので、事物に対する懐疑が強くなればなるほど、その「我」の存在の確実性は増すのであるということに気付き、この命題を彼の第一命題として採用した。これが『方法序説』[*1]にも述べられている、デカルトの回想である。

デカルトのこの有名な命題は、しかし、その後多くの人々によって批判され超えられていくのであるが、そのような哲学談義はともかくとしても、ここで筆者が注目したいのは「思惟する我」とそれを外から「観察する

---

*1 『方法序説』デカルト著，落合太郎訳，岩波文庫

R.デカルト　哲学者としてあまりに有名であるが，もちろん数学者としても，例えば「座標系」を用いて図形を数式で表すという，古典的な代数幾何学の視点の創始者である

我」の二通りの「我」が，この命題の中には示唆されているという点である．

　つまり，人間の意識の中にある種の作業を行っている一つの「我」があれば，それを客観的に冷静に見ている一段階層の違う「我」がいて，その後者の「我」が前者の「我」の存在（我あり）に気付く，という構造をこの命題は示している．もちろん，うるさいことを言うと，その後者の「我」をも，また二段目の「我」が見ていて，さらに……となってまたビールの話に逆戻りするのであるが（そして，その「我」の無限階層の外に，それを観察する，また違った「我」がいる！）．

メタな自分

　第3章で数学的帰納法を用いて $(2 \cdot 3)^n = 2^n \cdot 3^n$ という一般的事実を証明しようとしたとき，そこには一貫してある「パターン」が存在すると述べ，このパターンを形式化することで，数学的帰納法による証明という「儀式」が成立することを見た．実はここに，今述べた

二つの「我」が存在する.

そこではまず最初に $n=2$ の場合の証明を行った. もう一度思い出してもらうと,問題の式を

$$2\cdot\underline{3\cdot 2}\cdot 3 = 2\cdot\underline{2\cdot 3}\cdot 3$$

のように積の形にバラして両辺の真ん中に注目し,その上で「可換法則」$2\cdot 3 = 3\cdot 2$ を適用していたのだった.

$n=3$ の場合も同様で

$$2\cdot\underline{3\cdot 2\cdot 3\cdot 2}\cdot 3 = 2\cdot\underline{2\cdot 2\cdot 3\cdot 3}\cdot 3$$

の形にしてから下線部,つまり両端を残した部分を比べて,それが前回($n=2$)示したものになっていると気付いてそれを適用した.

そしてその次も,そのまた次も同様の「パターン」で計算ができるのであった.

ここで,この計算をただ黙々と続ける自分がいる一方で,計算をしながらそれを「反省」する自分がいることに気付く.そしてまさに後者の自分が,前者の自分が続ける計算の中に隠されている「パターン」を見出しているのである.

このことは,次のように「作業する自分」を計算機(コンピューター)に置き換えて考えるとさらに明確になる.コンピューターを考えよう.そこに上のような計算ができるための必要なプログラムを入れてやって,$n=2$ から始めていつまでもその計算を続けるようにするのである.

コンピューターは,そのような抽象的な代数演算がで

きるほどに高度な処理能力を持っている．しかもその処
理速度は人間の比ではない．わずかな時間でとてつもな
く多くの計算をこなす．だから現在のコンピューターを
もってすれば，あっという間に $n = 100$ でも $n = 1000$
までも計算してしまう．しかし（少なくとも現在の）コ
ンピューターは，その計算をいくら続けても，決してそ
の「パターン」に気付いて「後は同様だ」という認識を
持つことはない．そのような「パターン」に気付くこと
ができるのは，例えばプログラムを書いた人であったり，
あるいはコンピューターがやっている計算を外から眺め
て，何をやっているのか判断できる人だ．つまり，外か
ら「観察」する主体がその「パターン」に気付けるので
あって，黙々と計算を続ける側は決してそれに気付くこ
とはない．

　先の帰納法の場合は，この「計算の作業をする主体」
と「パターンに気付く主体」のどちらも自分の「意識」
（もしくは無意識）の中にある主体なので，これらを「作
業する自分」と「観察する自分」とに区別することがで
きる．もっともこの場合，どちらも同じ人の中での話だ
から，後者は「反省する自分」と位置づけてもよい．い
ずれにしても，黙々と計算を続ける「作業する自分」を，
その外から冷静に見守る「メタな自分」，「反省する自
分」があって初めて「数学的帰納法の原理」に適用でき
る「パターン」が見出されるのである．

　「メタな自分」がいるというのは，あるいはよく言われ

る「柔軟な」考え方を持つということでもある．その意味でコンピューターは，まだまだ柔軟な思考をするほどには進歩していない．コンピューターは「$(2 \cdot 3)^n = 2^n \cdot 3^n$」という一般法則を発見できない！

不完全性とコギト

このことは第3章で触れた「不完全性定理」にまつわる話とも，若干似たところがあるので面白い．

例えば第3章では，ペアノによって構築された自然数論の公理系の無矛盾性は，しかしその公理系自身によって示すことはできないと述べた．決められた規則，あるいはルールのみに従って全く「機械的に」命題を出力するという作業は，まさに公理系や計算規則といったプログラムによってコンピューターが黙々と計算する作業に似ている．そこには，その作業を冷静に観察し，判断を下す別の主体というものは存在しない．しかるに公理系の無矛盾性は，まさにそのような公理系「そのもの」への観察と反省から，客観的に証明されるべきものである．であるから，それを可能ならしめるためにはどうしても当の公理系の外に，その公理系を客観的な対象とするメタな論理システムが必要となる．しかし，そのメタな論理システムは，またその無矛盾性のためにさらにメタな論理システムを必要とし，さらに……ということになるわけであるから，結局はどこかで「人間」が裁決を下さなければならない．その際の判断基準は，もはや機械的

な意味での「正しさ」ではないだろう．むしろ人間的な「真理」に対する感覚である．

　このことは数学における「真理」と「定理」の違い，という形で端的に言い表される内容とも関係している．「定理」とは「証明できる」という意味で「正しい」ものである．それに対して「真理」はというと（もちろん数学の用語で「真理」というものがあるわけではないので，これは筆者の思い込みに過ぎないのであるが）証明できるとかできないとかとは関係なく「正しい」ことである．

　もちろん，これは「自明なこと」という意味では決してない．それはむしろ「美しいこと」とも言い得るものだろうと思う．第2章で，数学における（例えば実数論などの）「モデル」の是非を裁決するために，自然科学なら自然現象との整合性を測るところを，数学ではむしろ「内的な整合性」とでも呼べるものに訴えると述べたことを思い出してほしい．もちろん「モデル」は仮説的で暫定的なものであるが，そのような「モデル」が構築され多くの数学者の信頼を得るに至るには，それが何らかの「真理」の一片を的確に表しているという信念があるからである．そしてその意味での「真理」は，もはや当の「モデル」が「証明して」その正しさを立証する対象ではない．

　もちろん「美しさ」とも比較され得る「真理」とは，このような意味のものだけではない．後世になって実際に証明されることによって「定理」となるものの中には，

実際に証明される以前からその「正しさ」を誰も疑わないような種類のものも多くある．そのような中には，未<ruby>だ<rt>いま</rt></ruby>に「定理」になっていないものも数多くある．少なくともそれらを「予想」として提唱した本人にとっては，疑いようのない「真理」なのであるが，ただ証明できないという理由だけで「定理」とはなれないものも多い．

多くの人々は，「真理」はいずれは「定理」になるはずだと思うであろう．しかし「不完全性定理」は（思い切って大雑把に言うと）一つの矛盾のない論理システムの中では「定理」とはなり得ない「真理」もあるのだ，ということをも示している．つまり，そのシステムの言語を使って完全に正確に述べられる（つまり真偽の区別がはっきりつけられるような）命題で，しかもそのシステムの言語だけでは証明も反証もできないものが存在するということである．このことは人間にとっての「真理」と，完全にアルゴリズム的な意味での「定理」との間に，実はギャップがあることを示している．

人はそのような「証明できない」真理に出くわしたらどうするだろうか．やはりここは柔軟に「それではどのような論理システムを選択すれば，それが一番リーズナブルな形で証明できるだろうか」と考えるだろうと思う．その新しい論理システムの中ではこれは証明できるかもしれないが，しかしそのような判断を下すことは決して機械的な作業ではできないだろうと思われる．

第1章の「トピックス：数学の記号化と公理的数学」

では，点や直線といった対象を「公準」という約束事に従って，単に機械的に組み合わせていったのでは事実上「意味のある定理の選択」ができないと述べたが，このことも「作業する自分」と「観察する自分」という観点から焼き直してみると面白いだろうと思う．

ユークリッドは疑いようのない明白な事実をならべてそれらを「公準」とし，そこから機械的な作業で「三平方の定理」に至った，とはよく言われることである．それはもちろん表面的には正しいことなのであるが，実際にユークリッドが行ったことやその本当の意義はこのようなものではなかったに違いないと思われる．本当はそうではなく，むしろ「三平方の定理」のような定理が目標として最初にあって，それを演繹するためにどの程度の論理システムが必要かをユークリッドは考えて，あのような「公準」に至ったと考える方が自然である（→第1章「解説：ユークリッド幾何学」）．

つまり「真理」が先にあって，これを「定理」とするための，ある意味過不足ない論理システムを選択したのだ，ということである．もちろんここには数学的な意味での「不完全性定理」が出てくる余地はないのであるが，しかし，点や記号やそれらの関係を表す記号の列を機械的に作文する我と，それをメタな視点から反省し，例えば「三平方の定理」のような目的に向かって虎視眈々と舵取りをする我がここにもいるのである．そして途方もなく多くの組み合わせの中から過たずに芸術的な流れを

選択する. この点が「ユークリッド幾何学」を一つの偉大な芸術作品たらしめている一つの重要な要素である.

以上述べたことを簡単にまとめると, 人間が信じて疑わない「真理」を「証明できる」ものにするためには, それ相応の論理システムの選択が必要である, ということになる. ここで言う「真理」には美的なものもあれば, 人間の健全で常識的な判断という種類のものも含まれる. 例えば第2章では, ウサギとカメが同着であったという常識的な「真理」を証明可能なものとするために人間は新しい論理システム, つまり「人間が作り出す実数」という視点がもたらす実数論という「モデル」を作ったと述べた. 第3章では数学的帰納法という健全で常識的な判断を証明できるという土俵に乗せるために公理系の選択が必要だと述べた. これらのことは翻って考えてみると, すべて「真理」を「定理」とするために人間が行う(ある意味芸術的な)行いなのだと考えられるのである.

パスカルの三角形

多分コンピューターには絶対発見することのできない定理をもう一つ紹介しようと思う. それは「二項定理」と呼ばれている極めて美しい定理である.

これを紹介するには二台のコンピューターが必要である. そこで一つのコンピューターをW君と呼んで, 他方をM君と呼ぼうと思う(このように機械や道具に「…君」という名前を付けるのは筆者のクセである).

　まず最初にW君に教えるプログラムについて述べる．
彼にはある簡単な規則に従って数をならべてもらうこと
にする．実際にプログラムで書くと，これはなかなかし
んどいのであるが，大体概要を説明すると，彼に教え込
む規則は

　　・各行の両端は1であること
　　・隣り合う二数の和が下の数に等しいこと

の二つである．そして「最初の行は1だけからなる」と
いう入力をW君に施す．もちろん本当はもっと詳細に
（例えば数の配置の仕方などについて）プログラムでは書
かなければならないのであるが，そのようなことはこの
際あまり本質的ではないので省略する．

　いずれにしても，彼が出してくるのは図10のような数
のならびである．ここで上の「規則」の二番目が言って
いることは図11に示したような内容である．極めて簡単
な規則であることが理解できるであろう．これくらいの
プログラムなら，ちょっとコンピューターを知っている
人ならそれほど困難なく書けると思う．

　W君はなにしろ有能なコンピューターだから，図10
に書いただけでなく，上の「規則」に従ってもっともっ
と行を書いて出力してくる．例えば図10の最下行のさら
に下の行は

　　　　　1　7　21　35　35　21　7　1

である，というように．

　図10に示したものは，知っている読者も多いと思うが，

```
                1
              1   1
            1   2   1
          1   3   3   1
        1   4   6   4   1
      1   5  10  10   5   1
    1   6  15  20  15   6   1
```

図10　パスカルの三角形　最初の 7 行のみを表している
（実際には下にいくらでも行が存在する）

```
                1
              1   1
            1   2   1
          1   3   3   1
        1 (4 + 6) 4   1
               ‖
      1   5  10  10   5   1
    1   6  15  20  15   6   1
```

図11　パスカルの三角形の性質　「隣り合う二数の和は
下の数に等しい」

いわゆる「パスカルの三角形」と呼ばれているものである．パスカルの三角形は数学の対象としてはあまりにも有名であるし，その作り方も簡単であることから，多くの研究や観察がある．専門家のみならずアマチュアの人々によってもよく調べられており，例えば「パスカルの三角形」でネット検索してみると，関心の高さに驚かされる．それはパスカルの三角形がその簡明さに比べて，なかなか深みのある対象であるということも理由であろう．

上に示したプログラミングのための二つの「規則」は，ここでは以後パスカルの三角形の「基本性質」と呼ぼうと思う．というのも，その二つの性質が完全にパスカルの三角形を特徴付けるからである．これさえ知っていれば，ここでW君がやって見せたように，パスカルの三角形に現れる数のならびをいちいち憶えていなくても，いつでもどこでも好きなだけ多くの行を持つパスカルの三角形を復元できるからである．

二項展開

さて，他方のM君には何をやってもらうのだろうか．それは「二項展開」という実にうっとうしい作業である．

第1章でも触れたが，古代の人々も知っていた $(a + b)^2 = a^2 + 2ab + b^2$ や $(a + b)^3 = a^3 + 3a^2b + 3ab^2 + b^3$ といった公式がある．これらは a と b という二つの項を持つ式のべき乗の展開公式なので「二項展開の公式」と呼ばれる．もちろん $(a + b)^4$ やそれ以上のべきについても同様にそう呼ばれている．

そこでM君には，この「二項展開の公式」をどこまでも続けてもらおうというわけである．これこそまさにコンピューターが得意とする計算の典型例である！　人間だったら，例えば $(a + b)^{100}$ の展開なんか，どんなに脅迫されてもやりたくはないものである．しかし高性能コンピューターのM君は，そんな文句は一言も言わず黙々と計算して結果を教えてくれるのである．ありが

たいことである.

　実際にＭ君にやってもらう計算は，簡単のため $(a + b)^n$ の展開ではなく $(1 + x)^n$ の展開ということにした．（別にこれで本質的に変わりはないのである．というのも，Ｍ君が計算してくれた結果に $x = \dfrac{b}{a}$ を代入してその全体を a^n 倍すれば，結局 $(a + b)^n$ の展開式が得られるからである．実際，$a^n (1 + \dfrac{b}{a})^n = (a + b)^n$ であるから.）

　というわけで，プログラマーがＭ君に教え込む内容は次の通りであった.

- $(1 + x)^0 = 1$ であること
- $(1 + x)(1 + x)^n = (1 + x)^{n+1}$ であること

これと，その他の簡単な計算規則，例えば第１章で出てきた分配法則などもＭ君に教えてあげなければならない．上に挙げた二番目の内容は，特に重要である．なにしろこれによってＭ君は０乗から始めて，１乗の場合，そしてその結果を使って２乗の場合へと，次々と将棋倒しのように計算を続けていくことができるからである．いずれにしても，このようなプログラムを組むことも，さして難しいことでないことは確かである.

　さて，このプログラムのもとで高性能コンピューターのＭ君は計算を開始し，次々と結果を表示していった．以下がその計算結果である.

$$(1 + x)^0 = 1$$
$$(1 + x)^1 = 1 + x$$
$$(1 + x)^2 = 1 + 2x + x^2$$

$$(1 + x)^3 = 1 + 3x + 3x^2 + x^3$$
$$(1 + x)^4 = 1 + 4x + 6x^2 + 4x^3 + x^4$$
………

　なにしろ高性能であるから，ここに書いた程度の結果が出てくるのは全く一瞬のことである．あれよあれよという間に $n = 100$ にも，はたまた $n = 1000$ にも届いて，それでもなお，さらに計算を続けるのである．全くありがたいことである．

ずらし算

　ここでメデタシメデタシとはならないのがミソである．
　さて，そこへコンピューターに詳しいある人（仮に B さんとしておく）がやってきて，W 君と M 君の計算作業を観察し始めた．そしてプログラマーも気付かなかった（というのも彼はこれらのプログラムを高級言語で書いたから）ある重大なことに気付いたのである．それは「この二台のコンピューターは全く同じ計算をしている！」ということであった．
　B さんは作動しているコンピューターを外から眺めるだけで，マシン語レベルでそれがどのような処理過程を実行しているかわかる能力がある（そんな人は絶対いないと思うが，話のいきがかり上いることにしなければならない）．そしてその能力を用いてこれらのコンピューターの処理を眺めたとき，それらが実は全く同じ計算を行っていると気付いた，というのである．

それは一体どういうことだろうか.

実際に B さんの見たものは以下の通りであった.

まず W 君の方であるが，マシン語レベルで見ると，それは以下のような計算をしていたのである．例えば W 君が図10で 1，3，3，1 という数のならびまで計算した後に，次のならびを計算する過程を見てみよう．まず次のように，今得られた数のならびを二つ縦に，しかし下のものは数一個分だけずらして書く（実際にはメモリーに格納する）．

1	3	3	1	
	1	3	3	1

ここでは見やすさのために一列ずつ縦線を引いてみた．こうしておいて W 君はこれらを各列ごとにたし合わせる．

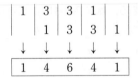

こうして最後に得られた数のならび 1，4，6，4，1 が，次の行のならびとして出力すべきものとなるのである．

これを見ると，確かに W 君は教えられた通りの計算をちゃんとやっていると言える．実際，上のように同じ数のならびを一つ分だけずらしてならべておいて縦にたし合わせるというのは，パスカルの三角形の二つ目の「基本性質」として規定されている「隣り合う二数の和

が下の数に等しい」という性質が保たれるように，次の行の数のならびを計算していることにほかならないから．

　さて，もう一方のM君であるが，彼は$(1+x)^3$の計算をした後，プログラマーの思惑通りに$(1+x)^4$の展開を得るために，実際は次のような計算を行っていたのである．

　まずは$(1+x)(1+3x+3x^2+x^3)$を最初の因子$1+x$について分配法則でバラバラにする．つまり，彼はこれを$(1+x)\cdot A$という形の「記号」と解釈して，プログラマーに教えてもらった分配法則が示すままにAと$x\cdot A$の和という形に分解したのである．つまり

$$(1+x)\cdot A = A + x\cdot A$$

ということである．右辺の最初の項は$1+3x+3x^2+x^3$であり，次の項は$x(1+3x+3x^2+x^3)=x+3x^2+3x^3+x^4$である．次にM君はこれらを縦に，しかもずらして配置する．

$$
\begin{array}{ccccccccc}
1 & + & 3x & + & 3x^2 & + & x^3 & & \\
 & & x & + & 3x^2 & + & 3x^3 & + & x^4
\end{array}
$$

そしてこれを，縦の列ごとにたしていく．

$$
\begin{array}{ccccccccc}
1 & + & 3x & + & 3x^2 & + & x^3 & & \\
 & + & & + & & + & & & \\
 & & x & + & 3x^2 & + & 3x^3 & + & x^4 \\
\downarrow & & \downarrow & & \downarrow & & \downarrow & & \downarrow \\
1 & + & 4x & + & 6x^2 & + & 4x^3 & + & x^4
\end{array}
$$

こうして最後に得られたものを，次の結果として出力し

ていたのである.

　ここまで説明したとき，Bさんは「見よ！」と言った．この二つの「ずらし算」（とでも呼べるもの）は，互いに全くそっくりである！

　ここでBさんの指摘したことが，二つの「結果」がそっくりだということでなく，その計算「過程」がそっくりだということだったのは注目に値する．つまりこれは二つの計算の「パターン」が同じだ，ということを意味しているからである.

　W君とM君の作業は，それ自体としては互いに何の関連もなかった．そして，実際に出力する結果も，少なくともその外観は異なるものであった．それでもなお，そこには同じ「パターン」が隠されていた！　これはつまり

　　　「パスカルの三角形の『基本性質』を用いて次々と
　　　その行を増やしていく」

という過程と

　　　「次々と$1 + x$をかけて分配法則で展開する」

という過程が，実は全く同値な作業過程で行われていたことを指摘するものだったのである.

二項定理

　この発見からもたらされる結果が次の定理である.

> **二項定理**.　　（$1+x)^n$ の展開における x の r 次の係数
> は，パスカルの三角形の n 行 r 列目の数
> に等しい.

　ただしここで，パスカルの三角形は図12のように便宜
的に左にちょっと傾けて，その行番号と列番号をふった.
ここでは各行各列とも，その番号は0から始まっている
のに注意.　野球の背番号でも0があるくらいであるから，
このくらいは許されるだろう.

　Bさんの指摘が示すことは，つまり

　　| $(1+x)^n$ の展開 |　$\longleftrightarrow$　| パスカルの三角形 |

という（アルファベットの「W」と「M」のように）まる
で鏡で互いを映し合うような，きれいな対応関係があっ
たということである.　そしてそれが，両者の生成過程の
「パターン」というレベルで，実は全く同値のものであ
ったということなのであった.

「結果がそっくりだ」というだけなら，コンピューター
は途方もなく大きな n までの計算結果をも短い時間で
出してくるだろうから，それだけ途方もなく大きな n
について両者の結果が一致しているということを確認す
ることができる.　もちろん，それ以上のことはできない.
いかに処理スピードが速いコンピューターを使っても
「すべての」n について確かめることは不可能だからだ.

　しかし，Bさんが指摘したように「パターンがそっく

	$r=0$	$r=1$	$r=2$	$r=3$	$r=4$	$r=5$	$r=6$
	⋮	⋮	⋮	⋮	⋮	⋮	⋮
$n=0$ ……	1						
$n=1$ ……	1	1					
$n=2$ ……	1	2	1				
$n=3$ ……	1	3	3	1			
$n=4$ ……	1	4	6	4	1		
$n=5$ ……	1	5	10	10	5	1	
$n=6$ ……	1	6	15	20	15	6	1

図12 パスカルの三角形の行と列 パスカルの三角形を
左に傾け左側を縦にそろえておいて，行と列の番号を
各々0から順々にふっていく

りだ」というのであれば事情は異なる．なぜなら，それ
によって人は第3章で説明した，あの「数学的帰納法」
が使えるからだ．そしてまさに，その論法によって上の
「二項定理」は証明できる！

パターンの比較

ここで状況を今一度整理しよう．

ここでは黙々と機械的な作業をする主体が二つあった．
一つは黙々と「パスカルの三角形」を計算し続ける W
君であり，もう一つは，これまた黙々と $1+x$ のべき乗
を展開し続ける M 君である．このような単純作業は，
もちろんコンピューターのように速くはできないが，多
かれ少なかれ我々の頭の中でもできることである．であ
るから，これらの作業をする主体は各人の意識の中にあ

る二つの「我」であると思ってもよい．実際，高等学校
の数学の授業などで，これら二つの作業をある程度やっ
たことがあるという人も多いだろうし．

　大事なことは，ただ黙々とこれらの単純作業を続ける
だけでは，決してその二つの間の関係には気付けないと
いうことである．この「関係に気付く」ということは決
して機械的なものではない．作業する主体より一段メタ
な主体が，これらの作業を客観的に観察できなければな
らない．今の場合，W君とM君の作業を客観的に見る
Bさんがそれにあたる．そのような「メタな主体」が二
つの作業を「比較」して初めて，そこに共通の何かがあ
ることに気付ける．

　だから筆者はコンピューターには「二項定理」が発見
できないと言ったのである．

　この「メタな我」が，つまりその「パターン」を発見
する「我」が一体どのようなものなのかというのは，数
学者のみならず心理学者にとっても興味深い点であろう
と思う．ポアンカレ（H. Poincaré, 1854 - 1912）はその
著書『科学と方法』[*2]の中で，自身の興味深い体験を踏
まえて，数学の発見をもたらす「無意識」の活動を認め
ている．「メタな我」という文脈でこれを読むと，より
一層興味深い．

　ポアンカレは若い頃，今で言うフックス函数（かんすう）と呼ばれ

---

*2 『科学と方法』ポアンカレ著，吉田洋一訳，岩波文庫

るものについて研究し多くの
計算を行っていた．その中に
は地味な計算も多かっただろ
うと思われる．その後しばら
く数学からは遠ざかっていた
のであるが，あるとき馬車に
乗ろうとして踏み台に足をか
けたとたんに，突然フックス
函数と非ユークリッド幾何学
との関係に気が付いたという
話である．しばらく全く考え
てもいなかった問題について，
それも世紀の大発見とも言え
る事実が突然ひらめいた背後
には，無意識の中では様々な
組み合わせや対応の可能性に

H. ポアンカレ　20世紀数
学の進路に大きな影響を与
えた数学者であるが，数学
のみならず，哲学や心理学
など幅広い分野でも豊かな
学識を示した．従兄弟には
第一次大戦当時のフランス
の大統領がいる

ついて不断の検討があったに違いないというのがポアン
カレの意見である．このポアンカレの発見も二項定理と
同様に「一見関係のない二つの物事の間に実は見事な対
応関係がある」という種類のものであり，まさにそのた
めに「美しい」と感じさせるものを持っている．

　このような定理に共通していることは，それが（おそ
らく）人間にしか気付くことのできないメタな立場から
の「比較」によって出てくることである．それはもちろ
ん，二項定理のように定理という証明された形で気付か

れることもあるであろうが，多くの場合「予想」という
形で気付かれる．先の例で言うと，二台のコンピュータ
ーの計算過程がそっくり同じだということに気付けなく
とも，両者の「結果」が驚くほど似ている，というよう
なことに気付くことにそれは対応している．それも黙々
と計算を続けるコンピューターたちには決して気付けな
いという意味で，人間にしかできない極めて重大なこと
である．数学においては「予想」を提示することが往々
にしてそれを証明することより価値のあるものだとみな
されるのであるが，それはこんなところに理由があるの
だ．

　このような定理を見ると筆者はつくづく思うのである．
このように美しい定理は確かに「人間」が発見するもの
である．そして，それは単に機械的な「論理のゲーム」
では決して得ることができないという意味で，極めて人
間的な活動の所産である．しかしその一方で，その均整
のとれた姿や普遍性に触れるとき，そこに人間を超えた
何かを感じるのも事実である．一体，定理や数学の美し
さとは何なのであろうか．

　これについては，第1部の終わりに，もう少し踏み込
んで述べてみたい．

　ちょっと歴史

「パスカルの三角形」の名前にもなっているパスカルと
いうのはブレーズ・パスカル（B. Pascal, 1623‐62）と

いう人のことである．パスカルが「パスカルの三角形」の名前に言及されている理由は彼がこれを最初に発見したからではない．実はパスカルよりもはるか以前に，これはすでに知られ研究されていたのである．パスカルがことさらに言及されるのは，彼が主に確率論への応用を念頭に，この三角形についての徹底的な研究を始めた最初の人であったと目されているからである．これについては第5章で触れることになる．

B．パスカル　数学者としても有名だが，気圧に関する研究（それによって「ヘクトパスカル」という，よく天気予報にでてくる言葉のもとにもなった）でも有名なので物理学者であったとも言えるし，『パンセ』を書いた思想家としても有名である

パスカルの三角形についての最初の明快な歴史的事実は，李迪編の『中国の数学通史』[*3]によれば，11世紀前半の北宋を代表する数学者であった賈憲が，0次から6次までの二項展開式の係数をならべた図「開方作法本源」として，パスカルの三角形と全く同等のものを得ていたという事実である．賈憲はこの図における規則性，つまり先にパスカルの三角形の「基本性質」と呼んだものに気

---

*3 『中国の数学通史』李迪編著，大竹茂雄・陸人瑞訳，森北出版

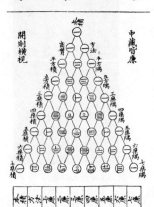

図13　賈憲（楊輝）三角形
$n = 8$ までの行が「算木」によって見事に表されているのがわかる（朱世傑『四元玉鑑』〔1303〕より）

付いており，それによって任意次数の二項展開が可能であるという認識をすでに持っていたそうである．賈憲の著作は残念ながら現在ではすべて失われてしまったのであるが，賈憲から200年ほど後に楊輝が『詳解九章算法』という著書の中で，賈憲の仕事であることを明確に述べた上で，この「開方作法本源」を紹介している．この歴史的事実のため，中国ではパスカルの三角形のことを「楊輝三角形」と呼ぶのが通例らしいのであるが，正確には「賈憲三角形」と呼ぶのが正しい．

　日本には伝統的に「和算」という独自の数学があり，特に江戸時代には急速な進歩を遂げた．その背景には中国の数学の影響が多大であったと言われている．江戸時代の画期的な数学者である関孝和（1642？-1708）が和算の発展の立役者の一人であるが，関の仕事を紹介した書物の一つである『括要算法』の巻一を眺めると「賈憲三角形」（のちょっとした変種）が出てくる．この巻では，

後年西洋では「ベルヌーイ数」と呼ばれる重要な数の系
を関が発見したことが明記されるのであるが，その計算
のために「賈憲三角形」で表される展開係数の表を用い
た．ちなみにこの「ベルヌーイ数」をベルヌーイが発表
したのは1713年のことであり，関の『括要算法』が1712
年に発表されていたことを考えると，関孝和という数学
者の偉大さが推し量られる（ということは，ベルヌーイ数
は「関数〔せきすう〕」と呼ばれるべきかもしれない．だか
らこの本では「カンスウ」のことを昔のように「函数」と書
くことにした）．

間奏曲

数学の美しさ

　ここでは筆者が今まで何度か触れてきた「数学の美しさ」というものについて，ちょっとエッセイ風に書いてみようと思う．もちろん以下に述べることはすべて筆者の私見に過ぎない.

　その前に若干言い訳じみたことを述べておきたい．そもそも数学の研究を生業とするものがその美しさについて論じるというのは，必ずしも望ましいことであるとは思えない．実際，筆者もそのようなことはしたくないのである．それが望ましくない理由の一つは，筆者を含めた数学で仕事をしている者は日頃から数学の美しさを意識して，またそればかりを追い求めているのではないということである．面白いからやっている，というのが正直なところだが，いつも「美しい」ものばかり追い求めていたら多分何もできない．いつもホームランやクリーンヒットばかり狙っていてはだめである．たまにはバントしてでも塁に出なければならない.

　しかし，今まで何度も「美しい定理」などという文句を繰り返してきた責任もあるし，読者も興味のあるところであろうと思われるから，ここで一念発起して（とい

うより恥を承知で！）何か書いてみるのである.

　数学の問題を考えているとき，証明や論理的なつなが
りが理解できるようになる前に，まず何が結局「答え＝
真理」なのかを知ることが重要であることが多い. 数学
は証明などの論理的過程によって答えを出力する，とい
う一般的な考え方からは全く逆の時系列を踏むのである.
第4章にも述べたように，答えを正しく「予想」するこ
とが重要であり，ときにはそれが一番価値のある仕事と
なる. そして，なにしろ証明や論理的手続きに先行して
答えを見つけるのであるから，その手段は往々にして非
論理的であり感覚的であり直観的である. 機械的な作業
では見つけられないパターンや対称性を見出そうとする
のであるから，それはある意味，金鉱を掘り当てるよう
なものである. 「長年のカン」がものを言うこともある
だろう. そういう世界である.

　しかしあえて言えば，頭の中にいろいろな物事の組み
合わせがある中で最も「美しい」と思うものが「答え」
になっているに違いないという感覚がある. そしてこの
感覚が答えを見出すための，ある意味「唯一」の手段な
のだとも言える. ポアンカレの突然のひらめきも，それ
が無意識の中で創られた数多くの組み合わせの中で一番
美しい，そしてあまりにも美しいものであったからこそ
意識に昇ってきたのだとも思われる.

　その意味で，研究者にとっては，人間が設定する枠組
みや視点にとらわれない意味での「真の正しさ」とも言

うべき「美しさ」に対する感覚は,「モデルの中での正しさ」よりさらに重大であり深刻なものであると思う.そのような「美しさ」の一つの側面を一言で(無理矢理)言ってしまうと

・整合的であること

であろうと思われる.

　もちろん,これがすべての美しさを言い当てているとは言えない.美しさは発見や選択のための指針としてのみ重大なのではない.もっと率直に数学を「鑑賞する」という立場から見なければ的確に述べられないような美しさもあるに違いない.

　そこで,筆者なりに数学を鑑賞するときに感じる美しさというものをいくつか列挙してみた.

・シンプルであること

・普遍的であること

・背景に奥深さを感じさせること

・意外であること

どれをとっても多分異論の出ることはないだろうが,ある意味当たり障りのないものばかりである.しかし裏をかえせば,どれ一つとっても数学の美しさの(少なくとも)一面を表す言葉として,多くの人に賛同してもらえるものであるとも思う.そしてこれらが単に数学上のものに限らず,第1章の冒頭でも述べたように,世の金言や格言の「深さ」にもそのまま当てはまるものであることも異論のないところであろう.のみならず,これら

は芸術一般の美しさを言い表す言葉としてもそのまま通用するものである.

　例えば「二項定理」はこれらの要素をすべて持っているという意味で, 極めて希有な金言であると言える. 実際, それは「パスカルの三角形」と「二項展開」という二つの数学的事象の間の対応関係として見ると, 極めてシンプルで普遍的である. そして一見関係のない二つの事象をつなぐものとして意外性も多く秘めている. それだけでなく, 実はさらにその背景に奥深い世界が広がっているのであるが, これは主に次章以降（第2部）の議論の中で感じられるものと思う.

　数学の美しさという話題で必ずと言ってよいほど頻繁に言及される, いわゆる「オイラーの公式」

$$e^{i\pi} + 1 = 0$$

は, その驚異的な外観のシンプルさに加えて, 目をみはるほどの意外性も持っている. のみならず, それはどこまでも人の心を捕らえて離さない奥深さをも感じさせる. この公式の意味する内容を一般の読者にわかりやすく伝えるというのは, 残念ながら難しすぎてできないのであるが, たとえ指数函数のテイラー展開からこの等式が「証明」されてしまっても「なるほど, それだけのことか」といった感想で終わることは決してなく, どこまでも神秘的な印象を与え続ける.

　しかし, これらだけでもまだ語れない「美しさ」も, またあるに違いないと思う. つまり金言や格言と共通の

ものではない，数学独自の意味での「美しさ」というものもあるだろうと思うのである.

　筆者は第3章で「数学的帰納法」について議論したとき，その「正しさ」について，直観的なレベルから「ゲーデルの不完全性定理」に至るまで様々に批判的考察を列挙した上で，それでも数学的帰納法の原理は正しいと信じると述べた．理由はそこでも述べたように，なかなか言葉にはしづらいのであるが，あえて一つ言うならば，美しいからということがあると思う．それは証明できるからとかできないからとかいうレベルとは全く違った次元で，そう思わせるものがあるからだと感じる.

　同様のことは，もっと基本的なレベルでは，いわゆる「仮言的三段論法」

　　　「AならばBでありかつBならばCであるとき，
　　　AならばCである」

という，数学に限らず我々が日常よく使っている論理の図式についても言えるだろう．これは証明できるとかできないとかいうこととは全く別の次元での「正しさ」を，いかなる感覚器官を介してかしれないが，ほとんど直観的に感じさせる種類のものである．なぜこれが正しいのかと問われたら，そう思うのが一番自然だからとしか答えようがない．何が自然で何が不自然かというのが人間の価値判断から来るのであれば，それは「美しい」という感覚とほぼ同じと言ってよいだろう.

　このようなことを考え始めると，多分数学者の中でも

その議論の内容はかなり十人十色となってくるだろう. ある割合の人々は極めてプラトニックな考えを持つだろうし, 程度問題とはいえ, そうでない人も多くいると思う. プラトンは, 例えば紙に書いた三角形のように物質的で不完全なものが「三角形」と認識できるのは, イデア界に「三角形のイデア」があって, 人間がそれを想起するからだと述べた. このイデアとしての三角形が「実在」するかどうか, という点で筆者は, 数学者の多数は実在論を支持するのではないかと思う（筆者はどうか, ということはここでは秘密にしておく）. これはゼノンの「幻想」という見方と見事に対極をなしている.

　以前, 故小平 邦彦先生（1915 - 97. 日本で最初のフィールズ賞受賞者, なおフィールズ賞とは数学におけるノーベル賞のようなものである）が生前放送大学で講義されたものの録画を視たおりに, 小平先生が「数学的概念は実在する」と断言されていたのが, 筆者には強く印象に残っている.

　幻想ではない, 本当に「ある」という感覚が多かれ少なかれ数学に美しさを感じる人々（数学者に限らない）にはあると思う. 本当に実在すると信じているかどうかは別として, 感性の問題としてである. そして「美しさ」はこの「実在感」というものと極めて密接に関係している.

・実在感を感じさせる

というのも「美しさ」の大事な側面ではないだろうか.

数学的帰納法は「実在する」と感じさせるほどに美しいのであるから，たとえ将来数学の「モデル」が抜本的に見直されたり視点が大きく変わったりしても，それが「真理」であることは全く変わらないに違いないのである．ここでヒルベルトが，たとえ矛盾まみれであっても，集合論という「数学者の楽園」の存在を固く信じていたことが思い起こされる（→第3章「トピックス：集合論と失楽園」）.

数学の概念がイデア的なものとして実在するのかしないのかは別にしても，実際の数学が行う仕事は，公理系や「モデル」といった道具や発想を使って，整合的で均整のとれた「定理」や，まだ誰も気付いていない隠された「対応関係」を見出したり，それを説明したりするということである．これは他の自然科学がやっていることと基本的には同じことである．その意味では数学は自然科学なのだとも言える.

もう一つ付け加えるならば，数学における美しさには，例えば対称性とかシンプルさといった「空間的」なもの（視覚的なもの）の他に「時間的」なものがあると思う．後者は特に証明などの「論理」の構造に感じられ，「流れ」として認識される．ユークリッド幾何学の芸術性も，先に述べたように，例えば「三平方の定理」のような真理に至るための最も「美しい」論理の流れをユークリッドが選択したことにある．先に挙げた「仮言的三段論法」が自然なのは，そこに自然な流れが感じられるから

である．これを組み合わせてできた証明や論文は，したがって幾層もの流れが絡み合ってできている．それは全く「音楽」に似ている．

だから音楽同様，美しいものとそうでないものという人間の価値判断がそこには入る．同じ定理の証明としていくつも異なるものがある場合，それらには「良し悪し」の価値が付けられることもしばしばあるのである．

カントは，算数学の根底には時間の純粋直観があるという意味のことを言っているが，そこにはひょっとしたら似たような感覚があるのかもしれない．しかるに，特に証明などの「論理の成り行き」に注目すれば，その美しさとは

・「流れ」を感じさせる

ものであるとも言えるだろう．

数学の論文などでいろいろな証明を読むと，時おりそれがバッハ的であったりワグナー的であったり感じることが（多くはないが）ある．何か心地よい（そしてしばしば意外な展開を見せる）流れを持った証明を読んだり講演を聴いたりすると，そこに極めて音楽的なものを感じるのは筆者だけではないと思う．

そしてこれは逆の言い方もできて，美しい音楽，自然な流れを持った音楽というのは，それだけ「論理的」であり「整合的」であるということではないかとも思われるのである（実際，筆者は音楽を聴いているときに論理記号や命題が突然頭に浮かぶことが結構ある）．その意味で，

数学の美しさと音楽の美しさ，さらには数学の論理性と
音楽の論理性の間にはなにがしかの極めて密接な関係が
あると思うのであるが，読者はどう思われるであろうか．

トピックス：ベルンハルト・リーマン

「数学の美しさ」についての話の後に，ことさらにベ
ルンハルト・リーマン（第2章で既出）という数学者
についての話題を持ってくるのには理由がある．

先に筆者は，証明などの論理的手続きに先行して
「真理」を直観することが，数学という行いにおいて
重要なことであり，そしてそこには「美しさ」に対す
る感覚が大事であると述べた．このような，まさに人
間による数学の行いの，それも極めて英雄的で芸術的
な姿を筆者はリーマンの仕事に多く見出すのである．
もちろん筆者はリーマンの仕事の全貌を理解している
とはとても言えない．しかし筆者の僅少な理解によ
っても，この巨人の存在感は極めて大きなものである．

リーマンという人について考えるとき，筆者はこの
ような極めて病弱で，しかも病的なまでに内気で臆病
であった人物が，しかし数学という世界においてはア
レキサンダー大王も真っ青になるであろうほど大胆で
パワフルで，しかも天才的な仕事を行った，というこ
とへの率直な驚きを感じる．リーマンという「人間」
は，当時の幾何学，解析学，数論，さらには物理学な

どの流れをいったん束ね，これを思いもよらない大胆な姿に統合したのである．

　リーマンは「概念の人」であった．

　高等学校でも習う「三角函数」（サインとかコサインとかいうもの，三角比を表す函数）には「楕円函数」という自然な（そして怪物的な）一般化（というか変種）がある．楕円函数は17世紀頃から次第に考えられるようになってきたようであるが，その理論が急速に進歩したのは主に19世紀に入ってからである．リーマンはこの「楕円函数」，そしてそれだけではない，さらなる一般化である「アーベル積分」というもので表される函数について，極めて印象的で大胆な巨人の一撃を下した．それは「函数」を考える代わりに，その函数を図形的に説明する「面」（いわゆる「リーマン面」，ここでは「函数という概念を図形的に翻訳したもの」くらいに感じてもらえば，とりあえずよいと思う）を考えよ，という発想である．この「面」を用いた説明では，それまでもっぱら「式の計算」で行ってきた研究が「式」によらない「概念的」思考のプロセスに置き換わるという利点がある（図形的な直観を用いることで，実際の式の計算の負担を軽減できるというのはよくある話である）．いわば，この「概念による思考」というのがリーマンの最も得意としたもので，それによって「式」で書いたらたとえようもなく複雑となってしまうことが（複雑な計算を経ないでも）数学で扱えるよう

になる．しかも「式」の変形では多かれ少なかれ「機械的」な作業の割合が多いのに対して，概念による思考では，様々な視点から得られるファクターを統合して一挙に考えることができる．リーマンの「面」の発想も，「函数」や「図形」や「式」といった概念を大胆に統合した「統合概念」である．そしてこれは第2章にも出てきた，彼の「多様体」の概念においても同様である．

リーマンのこの「概念優位」の考え方の背景にはヘルバルト哲学からの影響があったことがよく指摘されている．ヘルバルトはカント以降のドイツ観念論の流れを汲む哲学者の一人として有名であるが，その中心思想はカントのものとはかなり異なり，「経験から修正・一般化のプロセスを通して徐々に概念が形成されていく」というものである．そして第2章でも強調したリーマンの数学思想における大胆な「仮説性」も，このような考え方を背景としている．

そしてリーマンは「直観の人」であった．

リーマンがいかにして「面」という概念を得るに至ったのか，ということをリーマンの死後クラインが復元し，短い講義録にまとめたものがある*1．これによ

---

*1 Klein, F.: *Über Riemanns Theorie der Algebraischen Funktionen und ihrer Integrale*, 1881/1882, 英語訳：*On Riemann's theory of algebraic functions and their integrals. A supplement to the usual treatises.* Translated from the German by Frances Hardcastle. Dover Publications, Inc., New York, 1963. 残念ながら日本語訳はないようである．

ると，このリーマンの英雄的アイデアの根源（という
よりほとんどその「根拠」と言ってしまってもよいくらい
であるが）には，実は導体面上に電荷を置いて得られ
る電流の様子という，極めて物理的な直観があったと
いうことである．実はこの「リーマン面」というアイ
デアは，筆者が専門としているところの「代数幾何
学」という，学問自体の歴史は古いのであるが19〜20
世紀を通じて爆発的に進歩した学問体系の，その後の
進路を決定づけた極めて重要なものである．そしてそ
のアイデアの根底には電磁気学の直観があった！

　もちろん，この「直観的」ということには裏腹な意
味もある．リーマンのこの素晴らしいアイデアは，後
年「リーマンの存在定理」と呼ばれる基本的な定理に
依拠しており，実はこの定理にはリーマンの死後何十
年もの間，厳密な証明を与えることができなかったの
である．リーマン自身が与えた「証明」は実はギャッ
プがあり，後年ワイエルシュトラスという人（この人
は極めて厳格な精神を数学にもたらした人である）に反
駁されることになる．それでもなお，上記の講義録の
著者であるクラインを含めて（クラインが上述の講義
をした頃は，まだ証明されていなかった！），多くの人々
にとってその「正しさ」は少しも揺らがなかったので
ある．なぜか．それはこのリーマンの英雄的で大胆な
理論があまりにも美しく，内的な整合性と，人をとり
こにする極めて強烈な説得力を持っていたからである．

このようなことは「証明できるかできないか」ということとは全く無関係なのだと，このエピソードは改めて認識させる.

　ついでながら言っておくと，このクラインの講義録は，上に述べたことも含めて非常に感動的な本である．数学の専門書で「感動できる」ことは実は少なくないのであるが，それにしても筆者にとってはまた格別の感動であった．「直観」から始めて，それが次第に「概念」へと昇華され，そして大胆に函数論や幾何学における抽象的な対象を征服していくのである．その道程はいかなる小説よりも歴史絵巻よりもドラマチックである.

　このようなことも，数学はできるのである.

第2部

記号と意味

「記号」としての数や式に接していると，それら
は人間に様々な内容を語りかけてくることがある．
ときにはそれがちょっと意外な内容であったりす
ることもある．数式に「意味」を吹き込むのは人
間であるが，それでも人間が数式から教えられる
「意味」もあるのだ．その意味で数学と人間の関
係は一方的なものではない，なかなか微妙なもの
である．

第2部では，このような「記号」と「意味」に
まつわる様々の微妙な駆け引きについて，できる
だけ実例を用いて実証的な形で述べていきたい．

第5章

組み合わせの数

テストの正解率

筆者はよく演習や試験の問題を作る．作るだけではなく，その解答編も作成したり，もちろん採点もしなければならない．採点のしやすさという点で言ったら「○×」式やマークシート方式の方が簡単であるのは当たり前である．しかしそのような方式の試験は，それはそれで一見完全に「公平」かつ「客観的」に見えるが，案外と学生の理解度が測れないものである．特に数学ではその傾向が強いと思われる．

これを長々と説明するのがこの章の趣旨ではない．しかし，なぜ数学ではそうした傾向が強いのかを簡潔に述べておくのも一興だろう．数学においては，例えば計算問題などの「機械的な作業」も大事だが，第4章で何度も強調したように，機械的な作業のレベルを一段超えた立場から，いかに本質的なパターンやポイントを見出せているかということが大事になることが多いのである．したがって往々にして解答そのものより，解答に至る「プロセス」が大事になる．これは極端な話，答えの方

は（初等的な計算ミスなどで）間違っていても，そこに至るプロセスが明瞭であれば，かなり評価の対象となり得るということも意味している（いつもそうとは限らないが）．逆に言えば，「機械的」な作業だけで得られた解答は（もちろんそんな解答は間違っていることが多いのであるが）あまり評価に値しないのである．

　誤解のないように言っておきたいが，筆者はここで「○×」式の試験を否定しているわけではない．そのような試験も有用なのである．しかし，こと数学に関しては，そのようなスタイルの試験は，あくまでも「機械的な」作業の能力を測るときに有効である．

　というわけで筆者の場合できるだけ記述式の問題を出すこととなり，採点はなかなか体力勝負の仕事となる．

　少しグチを言ってしまった．そんなことより，マークシート的な「機械的な」問題が，あまり公平に解答者の理解度を測るものではないという例として，一つ極端な例を挙げよう．

　今（1）から（10）までの10個の選択肢を設けて，その中には正解が三つあるとする．解答者にはその10個の選択肢の中から三つ，正解であると思うものを選んでもらって順不同で答えてもらう．そして，答えてもらった三つのうちで「一つでも正解があれば，それで解答としては正解」という，いささかアマアマな評価基準を設けたとする（しかし，こんな感じの試験は，いかにもありそうである）．さて，これに臨む学生の方が完全に「当てず

っぽう」で解答をしたとして，その正解率はどのくらいであろうか．

実は約71％．驚くほど高い．

ちなみに「少なくとも二つの正解を選んだら，それで解答としては正解」とする場合の正解率は約18％で，こちらはだいぶ状況が改善されているが，それでも6人に一人くらいはマグレ正解者が出てしまう．「三つとも正解を選んだ場合のみ，解答としては正解」という一番厳しい基準ならマグレ当たりの可能性は約0.8％で，これくらいだったら十分「仕方がない」レベルである．

もし，解答欄に答えだけでなく少しでもプロセスについて書き込ませる欄があったら，たとえ一つしか合っていなくても，基本的なアイデアはしっかりしていた人（そのような人は結構多い）と全くの当てずっぽうで解答した人が見分けられるので，部分点を設けるなどのより合理的な評価につながりやすい．

いや，そんなことが主題なのではなかった．

10個から3個選ぶ

この章の本当の主題は上で述べた「正解率」の計算にある．

およそ「確率」というものを数学的に計算しようと思ったら，まず考えられるすべての事象の個数を計算する．そうして，その中で確率を求めたい事象の個数を数えて，全事象の個数との比をとる．

当該事象の数
全事象の数

が確率である．それは考えている事象が全くランダムに
起こるとした場合に，求めたい事象の「確からしさ」を
測る一種の目安である．

　上では10個の選択肢から３個を選ぶというのが考える
べき全事象であるから，まず人はこの事象の数を計算し
なければならない．

　いきなり３個から始めるのは実は考え方として得策で
はないので，とりあえず「10個の選択肢から１個選ぶ」
という事象で考えよう．この場合は答えは簡単で，なに
しろ10個から１個だけなのだから，その全事象の個数は
選択肢の個数，つまり10に等しい．

　これは簡単すぎたから，今度は２個にしてみる．この
場合の全事象の数は次のように計算できるだろう．まず
最初に一つの選択肢を選ぶ．これは上に見た通り，ちょ
うど10通り．次に二つ目を選ぶのであるが，これは残り
の９個の中から選ばれるのであるから，その事象は９通
りある．この二つの事象の組み合わせは，したがって
$10 \cdot 9 = 90$ 通りということになる．

　しかしこれが求めるものではない．上にも見たように，
選択肢の解答は「順不同」である．今やったように「一
つ目」「二つ目」という取り方をすると，例えば (1) を
一つ目に選び (2) を二つ目に選ぶという選び方と，(2)
を一つ目に選び (1) を二つ目に選ぶという選び方が区別

されてしまっている．どちらも選ばれた二つは (1) と
(2) であり，順不同である以上これらは同じ事象とみな
されなければならない．

　このように「ダブって」いる選び方は，しかしちょう
ど二つずつある．つまり「選んだ二つの順番付け」の個
数だけあるから，したがって求める全事象の数は $\frac{10 \cdot 9}{2}$
＝ 45 通りということになる．

　以上の「準備体操」のもとに，問題であった「10個の
選択肢から3個を選ぶ」事象の数を数えよう．二つの場
合と同様に，まず一つ選ぶ．これは10通り．二つ目は残
りの9個の中から選ぶので9通り．最後の三つ目は，さ
らに残りの8個から選ぶのであるから，その場合の数は
8通りである．したがって，組み合わせ全部の数は10・
9・8通りである．

　もちろん上で見た「2個選ぶ」場合の計算と同様に，
これでは「ダブり」の分を数えすぎているから，その分
の数で割らなければならない．数えすぎている分は「選
んだ三つの順番付け」の分である．例えば選んだ三つが
a, b, c の三つであるとしたとき，それを順番にならべ
る仕方は

$$abc, \quad acb, \quad cba, \quad bac, \quad cab, \quad bca$$

の6通りである．だから求める全事象の数は $\frac{10 \cdot 9 \cdot 8}{6}$
＝ 120 通りということになる．

コンビネーション

このように簡単なところから始めて次第に一段ずつ難しい場合を考えていくという方法は，翻って考えてみると，第3章で考えた「$(a \cdot b)^n = a^n b^n$」という等式を $n = 1$ の場合，次に $n = 2$ の場合というふうに順々に示していったことに酷似している．その趣旨は「パターン」の発見にあったのであり，それによって「後は同様」という人間らしい帰納的判断ができるというわけであったのを思い出そう．

今の場合も先の計算手順から考えて，もっと一般に「n 個のものの中から r 個選ぶ」という事象の数へと考えを飛躍させることは，さして困難ではないと思う．そのパターンは

$$\frac{順列の個数}{順番付けの総数}$$

という形になっているはずである．

分子の「順列」というのは，順番付きでならべたものという意味に解してほしい．「一つ目」に選ぶもの，「二つ目」に選ぶもの，「三つ目」に選ぶもの……というように，選ばれた順番をも含めた事象の数である．だから上のように計算すれば，分子は

$$\underbrace{n \cdot (n-1) \cdots (n-(r-1))}_{r 個}$$

つまり「n から始めて1ずつ減っていく r 個の数の積」という形をしているものであることがわかる．一つ目は

n 通り, 二つ目は $n-1$ 通り…といった具合でちょうど r 個選ぶ場合の数である.

一方の「順番付けの総数」であるが, これも実は難しくない. r 個のものに「一番目」「二番目」というように順番をふっていくのである. 一番目として選ぶものは r 通りある. 二番目として考えるものは残りの $r-1$ 個の中から選ぶのであるから, それは $r-1$ 通りである. 「以下同様.」こうすれば求める順番付けの総数はちょうど

$$\underbrace{r \cdot (r-1) \cdots 2 \cdot 1}_{r \text{個}}$$

という, r から始めて1ずつ減らしていって得られた数すべての積である. もちろんこれは「可換法則」から逆に見ることもできて, 「1から r までの数の積」ともみなせる.

この最後に得られた数は通常「r の階乗」と呼ばれるもので, 記号では「$r!$」というようにびっくりしたような書き方で書く.

以上より「n 個のものの中から r 個選ぶ」全事象の個数は, それを一般に記号「$_nC_r$」で表すと

$$_nC_r = \frac{n(n-1)\cdots(n-(r-1))}{r!}$$

となることがわかった. 分母も分子も「r 個の数のかけ算」という形をしている.

この記号 $_nC_r$ は「コンビネーション」と通常呼ばれる.

コンビネーション（combination）とは「組み合わせ」という意味である.

　前項でやった計算は $_{10}C_3 = 120$ というものであった. 10個の選択肢の中から3つを選ぶという事象全部の総数である. その中で「三つとも正解」というのは, もちろん一個しかない. したがって, 三つとも正解である確率は $\frac{1}{120}$ で, 計算すると $0.008333\cdots$, つまり大体0.8%である.

　一方「少なくとも一つ正解」という事象を数えるなら「全然正解がない」という事象を数えて, それを全事象の数120から引けばよい. 実際, 全事象の中の各々は「少なくとも一つ正解」か「全然正解がない」のどちらか一方でしかないから.「全然正解がない」というのは, 例えば簡単のために選択肢の (8) (9) (10) が正解だとすると, 最初の（不正解の）7個の中から3個選ぶ組み合わせのことであることに気付く. だから, これは $_7C_3$ $= 35$ 通りあって, よって「少なくとも一つ正解」は $120 - 35 = 85$ 通り. 確率を計算すると $\frac{85}{120} = 0.708333$ $\cdots$ となって, 先に述べたように大体71%ということになるのである.

計算例

　コンビネーションは便利な概念である. 例えば5人の人がいるとき, その中から3人選んでチームを作る. 可能なチームは何通りあるか. これは $_5C_3$ を計算すればよ

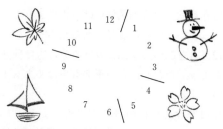

図14　季節の変わり目に線を引く　京都では大体こんな感じだと思う

い．計算すると $\frac{5 \cdot 4 \cdot 3}{3 \cdot 2 \cdot 1} = 10$ 通りである．

　3人の中から2人選ぶ場合はどうだろう．この場合は，ちょっと発想を変えて「選ばれない」人が何通りあるかを数えても結果は同じである．今の場合，選ばれないのは一人だからちょうど3通りであるはずである．実際，正直に $_3C_2$ を計算すると，$\frac{3 \cdot 2}{2 \cdot 1} = 3$ となりつじつまが合う．うまくできている．

　1年は12ヵ月に区切られている．そして春夏秋冬という四季がある．通常は3，4，5月が春，6，7，8月が夏，9，10，11月が秋で12，1，2月が冬というのが大体の区分になっているようだ．しかし，これには地域差もあるだろうし年ごとにも違いがある．京都では夏が殺人的に暑くて冬は底冷えがする．それだけに，しのぎやすい春と秋が何とも短く感じられるものである．よくもまあこんなところに千年もの間，都があったものよと感心してしまうくらいである．

　だから春夏秋冬の月別区分には，人によって，あるいは年によっていろいろな意見があるだろうと思う．そこで 1 年 12 ヵ月を四つの季節に分ける分け方は何通りあるかを考えよう．ただし，どの季節も少なくとも 1 ヵ月はあるものとする．

　これを計算するには時計の文字盤のように 1 から 12 を円周上に書いて，その数字と数字の間に「季節の変わり目」という線を引く，と考える（図14参照）．数字と数字の「間」は12ヵ所あって，そこに季節の変わり目という線を 4 本引くのであるから，これは12個の中から 4 つ選ぶという組み合わせの数になる．つまり $_{12}C_4$ が求めるものとなる．

　実際に計算すると $\dfrac{12 \cdot 11 \cdot 10 \cdot 9}{4 \cdot 3 \cdot 2 \cdot 1} = 495$ となって，答えは495通り．意外に多い．

禅問答

　禅問答（公案）というものがある．筆者はこのあたりの事情に疎いのであるが，禅には「不立文字」という思想があり，これは「悟り」が文字で書き表されるような理屈からは決して得られないという意味である．筆者のような煩悩の固まりのような人間には決して到達することができないに違いない思想である．だから筆者にはそれはわからないが，このような仏教の深い思想には畏敬の念を感じるのである．畏敬の念を感じつつ，毎日ビールを飲むのである．

　門外漢が言うのだからあまり信用するべきではないが，禅問答というのは仏教の深い思想に近付くために行う「問答」，つまりディベートであり弁証法の一つの形である．そこには「無」のような不可思議にして同時に深遠な題材が主題となることも多い．

　さて，なぜ筆者は突然こんな話を始めたのか．それは数学の公式や概念を無理矢理日常生活に当てはめようとすると，しばしば禅問答のような（多くは滑稽な）ことになるということを言おうとしたからである．もちろんそれらの中にも本物の禅問答のように何かしら深いものもあるかもしれない．しかし，大抵その多くは頓智にもならない馬鹿げたものが多い．そんなところで禅問答を引き合いに出したらバチが当たる．筆者は全く究極のバチ当たり者である．

　しかし，先に紹介したコンビネーションに関して起こってしまう禅問答は，そんなにバカバカしいものではない．もっとも悟りを開くためには全く役に立たないだろうし，それを解くのに何年もの修行を要するというものでもないのであるが．

　それは先の説明で r に 0 を代入すると生じる．つまり「0 人選ぶとは何ぞ」という問いである．これはまさに「不立文字」だ．なかなか手強い．

　筆者はなにしろ全く禅を解しない大バカ者であるから，次のような屁理屈をこねる．「0 個選ぶ」ということは，つまり「n 人選ばれない」ということだ．だから答えは

1でなければならない．そしていい気になって，やぶ蛇にも，これをコンビネーションの公式に$r = 0$をそのまま代入するという全くお気楽なことをして余計な証拠までこね上げようとする．しかしそれは全く「やぶ蛇」であった．そこには分母に0！（0の階乗）というものが出てきてしまう．のみならず，分子にも「nから始めて0個の数の積」というわけのわからないものが出てくる．どちらも「0個の数の積」という，理屈ではちょっと考えにくいものだ．やはり禅問答みたいな話が必要か？

　そもそも「0個の数の積」なるものは何事であるか？「それは1也」と答えるしかない（同様に「0個の数の和」は何か？「それは0也」）．かけ算とは1から始めて次々に数をかけていく行為なのではないか．例えば$3 \cdot 4 = 1 \cdot 3 \cdot 4$のごとく．だから，何もかけられていない状態は1である（これぞ「空即是色」！）．

　いずれにしても，このことに数学的な説明なり証明なりを付けるのはかなりやっかいである．いろいろなつじつまを合わせるには0！＝1とするのが一番自然であると考えるのが手っ取り早い．例えば$n! = n \cdot (n-1)!$であるが，これを$n = 1$で考えるというちょっとだけ無茶なことをすると，$1! = 1 \cdot 0! = 0!$となる．しかし$1! = 1$であるから$0! = 1$ということになる，という感じである．

　まぁ今回はこのくらいで読者には勘弁してもらうとしても，まだ実はもっと困難な修行が待っていた．今度は

r だけでなく n までも0にしてしまうのである.「0個のものから0個選ぶ」選び方は何通りあるか？　という話だ.これぞ「禅問答」らしい荘厳さに満ちあふれた問いである.この場合には「0個選ぶ」ことが「0人選ばれない」ことにしかならないので,先にやったようなバチ当たりな屁理屈はもう効かない.一方,公式からは「1通り」とならなければならないとわかるので,そうするしかない.

　やはり筆者はまだまだ修行が足りないようだ.

三角数と平方数

　ちょっと本題からは外れるが,せっかくコンビネーションの式を与えたのだから,それに関連した面白い数の話題の一つについて触れようと思う.

「n 個のものから2個取り出す」というコンビネーションを $n = 2,\ 3,\ 4,\ \cdots$ と順々に計算していくと

$$1,\ 3,\ 6,\ 10,\ 15,\ 21,\ \cdots$$

と続く.これは実は「三角数」と呼ばれる数列になっている.三角数というのは図15のように三角形状に黒丸をならべていったときの,各段階での黒丸の総数になっているような数のことである.つまり最初の三角数は1であり,次の三角数はこれに新たに二つの黒丸を書くことになるので3となり,次の三角数は,それにさらに三つの黒丸を付け足して6となる.こんな具合にどこまでも続けていくことで得られる数の列が「三角数」と呼ばれ

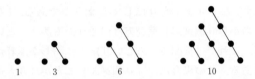

図15　三角数　碁石を正三角形状にならべたときの碁石の個数を「三角数」という．ここでは1番目から4番目までの三角数を示した

るものである．

図15をよく見ると，三角数には面白い「パターン」が隠れている．つまり三角数とは

$$1 = 1, \ 1 + 2 = 3, \ 1 + 2 + 3 = 6,$$
$$1 + 2 + 3 + 4 = 10, \ \cdots$$

というように，ある自然数までの数の総和になっていることがわかる．

19世紀に大活躍した数学者ガウス（第2章「トピックス：非ユークリッド幾何学」で既出）は子供の頃，学校の授業で「1から100までの数の総和を求めなさい」という課題が出たとき「$1 + 100 = 101$，$2 + 99 = 101$，$3 + 98 = 101$，$\cdots$，$50 + 51 = 101$というように考えていけば，求める総和の中に101がちょうど50個できるから，答えは$101 \times 50 = 5050$」とスラスラと答えて先生をびっくりさせたという．このガウスが求めた数は，つまり「100番目の三角数」ということになる．高等学校で習うように，1から自然数 n までのすべての自然数の総和（つまり n 番目の三角数）は

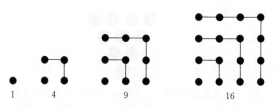

図16 平方数 碁石を正方形状にならべたときの碁石の
個数を「平方数」という。ここでは1番目から4番目ま
での平方数が示されている

$$1 + 2 + 3 + \cdots + n = \frac{n(n+1)}{2}$$

に等しい。そして、これは上に書いたコンビネーション
の公式からわかるように $_{n+1}C_2$ に等しい。

　三角数は黒丸を「正三角形状」にならべたときの、その黒丸の総数であるが、これを「正方形状」にならべて
同様のことを考えると「四角数」、よく使われる用語で
は「平方数」になる（図16）。

　図16のように次々と平方数をならべていった場合、n
番目の平方数はとりもなおさず n の「平方」、つまり n^2
にほかならないから、こちらの方が三角数よりも身近で
あると思う。

　実は三角数と平方数の間には面白い関係がある。つま
り、「引き続く二つの三角数の和は平方数である」。例え
ば

$$1 + 3 = 4,\ 3 + 6 = 9,\ 6 + 10 = 16,\ \cdots$$

というように。数式で示してしまうこともできるのだが

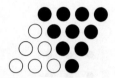

図17　三角数と平方数　ここでは3番目と4番目の三角数の和「6 + 10 = 16」を示し，それが（ちょっと傾いているが）正方形状に碁石をならべた数，つまり平方数になっていることを図示している

（そして，数式に慣れている人なら結構あっけないくらいに簡単なのだが），このような代数計算が知られていなかった昔からこのことは気付かれていて，例えばその論証は図17のような鮮やかなものであった．つまり，引き続く「黒丸三角形」を二つ組み合わせると，ちょっと傾いて平行四辺形になってしまうが，これを落ち着いて傾きを修正するなりして考えてみると，ちゃんと「黒丸正方形」（図では区別のため黒丸と白丸を使ったが）になっているのである．

コンビネーションの「パターン」

今，コンビネーションに隠れている一つのパターンについて述べたが，実はもっと一般的でもっと鮮やかなパターンがコンビネーションには隠されている．

今 n 人の人がいるとして，その中に読者である「アナタ」がいるとする．そこから r 人の人を選んで何かのチームを構成することにする．もちろんその可能な組み

合わせは $_nC_r$ 通りである．これをアナタが選ばれる場合
と，そうでない場合に分けて考えてみよう．

アナタが選ばれている場合の数は，残りの $n-1$ 人
から $r-1$ 人選ぶ組み合わせの数である．だからそれは
$_{n-1}C_{r-1}$ 通りある．

一方，アナタが選ばれていない場合は，残りの $n-1$
人から r 人が全部選ばれているわけだから，その組み合
わせの数は $_{n-1}C_r$ に等しい．

この二つの値の和が，実は $_nC_r$ に等しくなければなら
ない．実際，選ばれたチームの中にはアナタが入ってい
るか，いないかのどちらかでしかないから．つまり「ア
ナタが選ばれている場合の数」と「アナタが選ばれてい
ない場合の数」をたし合わせたものが，ちょうど全部の
可能な組み合わせの数，つまり $_nC_r$ に等しくなるはずで
ある．だから

$$_{n-1}C_{r-1} + {}_{n-1}C_r = {}_nC_r$$

とならなければならない．なかなか鮮やかな関係式であ
る．

単純な考察から出てきたこの関係式は，実はとても重
要である．これは，コンピューター，例えばW君（第
4章参照）にこの法則を教え込ませて計算させてみると
わかる．

W君を使ってコンビネーションの計算をしたいと思
った．しかしW君は「かけ算」が苦手である，という
かできない（そんなコンピューターなどないと思うが，無

理矢理そういう設定にしておかなければならない）．しかし上で導いた関係式を使えば「たし算」だけでコンビネーションの計算ができてしまうではないか！

　例えば $_4C_2$ が知りたいとしよう．コンビネーションの「公式」によれば，これは分子も分母も二つの数の積である．のみならず，最後には割り算を実行しなければならない．だからこのままでは W 君には計算できない．しかし，上の見事な関係式によれば，これを知るには $_3C_1$ と $_3C_2$ を知ればよいことになる．しかも，その計算にはたし算しか使わないのである．

　さらに喜ばしいことに，例えば $_4C_2$ のように $n = 4$ のときの $_nC_r$ を計算するために必要な情報は，$_3C_1$ とか $_3C_2$ のように n が一つ小さい，つまり $n = 3$ のときの $_nC_r$ を知れば十分であるということになるのである．だから，$n = 0$ とか $n = 1$ くらいから始めて順々に計算していけば，かけ算ができない W 君にも立派に計算ができるということになるのである．

　これは調子がよい，ということになってプログラマーは小さい n から順々にコンビネーションを計算していくように，W 君にプログラムを書いて入力したのである．その際，禅問答から学んだ「0 個選ぶ」というのが実は 1 通りなのだということも W 君に教え込んだことは言うまでもない．こうして W 君は次々とコンビネーションの値を計算して出力してきた．

　もちろんここで話は終わらない．そこへまた B さん

が来るだろう．そして「このコンピューターは以前（第4章で）やっていた計算とそっくり同じ計算をしている！」と気付くだろうからである．

　実際，W君がやっていた計算は次のようなものである．例えば $n = 3$ でこれを見るなら，まず

$$\begin{array}{|c|c|c|c|c|} \hline _3C_0 & _3C_1 & _3C_2 & _3C_3 & \\ \hline & _3C_0 & _3C_1 & _3C_2 & _3C_3 \\ \hline \end{array}$$

のように「ずらして」書いておいて

$$\begin{array}{|c|c|c|c|c|} \hline _3C_0 & _3C_1 & _3C_2 & _3C_3 & \\ \hline & _3C_0 & _3C_1 & _3C_2 & _3C_3 \\ \hline \end{array}$$
$$\downarrow \quad \downarrow \quad \downarrow \quad \downarrow \quad \downarrow$$
$$\boxed{_4C_0 \quad _4C_1 \quad _4C_2 \quad _4C_3 \quad _4C_4}$$

とすることで $n = 4$ のコンビネーションをいっぺんに計算するというものである．確かにその真ん中の3列において，見事に上の関係式を使った計算をしている．計算の効率を上げるため，プログラマーはW君にこのように横一列いっぺんに計算するようなプログラムを書いたのである．

　もうお気付きと思う．Bさんが「見よ！」というと，それは以前W君が「パスカルの三角形」を計算するときにやっていた計算と，その「パターン」が全く同じであるということに気付く．つまり，上に書いたコンビネーションの間の関係式はパスカルの三角形の基本性質として挙げた

　　　「隣り合う二数の和が下の数に等しい」

というものに，きれいに対応していたのであった！

　第4章の「二項定理」のところでも述べたように，このように「パターン」が同じだと気付くことは，W君のように黙々と計算を続けるものにはできない．しかし，それがBさんのように「外から」観察するものによって気付かれると「数学的帰納法」によって，これらのもの，今の場合は「パスカルの三角形」と「コンビネーション」という，これまた一見何の関係もないもの同士の間に，目にも鮮やかな対応関係があるとわかるのである．

　W君がやった計算に出てきたようにコンビネーションを横一列にならべると，禅問答からその各行の両端の数は1であることがわかる．そしてこのことはパスカルの三角形の基本性質（第4章）の一つ目に挙げた

「各行の両端は1である」

というものと一致していることに気付く．この事実とBさんの発見を合わせると，つまり，パスカルの三角形に現れる数とコンビネーションで表される数が実は全く等しいという結果になる．

定理. パスカルの三角形（第4章の図12）の n 行 r 列目の数は $_nC_r$ に等しい.

三位一体

　今わかったことと第4章で紹介した「二項定理」を合わせると，図18に示したようなきれいな「三位一体」が

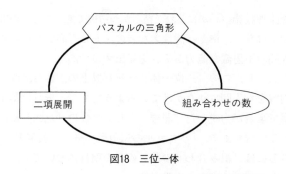

図18　三位一体

あることがわかる．パスカルの三角形と二項展開をつなぐ橋が二項定理であったが，パスカルの三角形と組み合わせの数をつなぐ橋が，先に見た定理である．図で示したどの項目も，その他のものとは一見何の関係もない．そして，それらは各々全く独立に黙々と「形式的に」計算されるようなものである．

　しかし，それらの間には計算過程や法則の「パターン」が同じという，決定的な事実があったのである．そしてその「パターン」の発見というのは，計算規則やプログラムの中での形式的作業からは決して導くことのできない，あくまでも「メタな立場からの認識」を必要とするのであった．その意味でこの「三位一体」には単なる公式以上の高い価値があると思う．自然の中にすでにそのような「三位一体」が「実在」するのかしないのかはわからないが（そうして第1部「間奏曲」の議論にまた戻るのであるが），いずれにしても，これは単なる機械的

な論理技術（いかにそれが精巧かつ精緻であっても）の問題ではなく，例えば想像力などの，もっと高いレベルの人間の不思議な能力がそれを見出すのである．

　しかし，この「三位一体」はそれ以上の，さらに深い内容をも人間に語りかけているようである．それは第1章で筆者が力説した「記号」としての数の「意味」に関わる内容である．「パスカルの三角形」や「二項定理」，さらには「組み合わせの数」のどの項目においても，これらの数学的内容の立役者は

$$\frac{n\,(n-1)\cdots(n-(r-1))}{r\,!}$$

という「式」であり，それが表す「数」であった．単なる式としてのみ見るならば，これは単に「分母と分子がそれぞれ同じ個数（r個）の数の積で表されている」ような「記号」に過ぎないであろう．そして単に「記号」としてしか見ないのであれば，ただ茫漠として殺伐とした印象しか得られないだろう．実際に高等学校で二項定理や組み合わせの数を学習したとき，これを理解するよりもまず「暗記」することに神経を集中した読者も多いかもしれない．

　しかし，この一見（少々複雑な）「記号」でしかない「式」が，実は先に見たような三つの異なる「意味」を持っているのである．つまり

- パスカルの三角形に現れる数
- 二項展開の係数に現れる数

・組み合わせの数

という，それぞれ一つ一つを見ても興味深い，しかも互いに何の関連もなさそうな「意味」を持つ数として，それは現れるということなのである．

このような「記号」としての式とその「意味」との間の微妙で深い駆け引きは，この章以降の話では特に重要な視点を提供するので，ここでちょっと立ち止まって考えておく必要がある．第1章では「記号としての数」に「意味」を吹き込むのは人間の行為である，ということを述べた．もちろん，そのこと自体には何も疑いの余地はないし，ここまで読んできた読者にとっても，それはもうすでに十分伝わっていることと思う．しかし，今目の当たりにしている状況は，この「意味を与える」という，数学における人間の位置づけについて，もう少し深い考察を我々に要求しているようである．

我々は先に書かれた「分母と分子がそれぞれ同じ個数（r個）の数の積で表される式」という記号に，先の三つの「各々の場合」にそれぞれの意味を吹き込んだと思ってもよいであろう．実際，パスカルの三角形に現れる数は，その「基本法則」というものを「人間」が設定することで，人間が意味を認めた数として計算されていたわけであるし，二項展開の係数についても，ことさらに「二項展開」というものに興味を持ってこれを計算しようという動機を与えたのは人間である．組み合わせの数なるものを考えたのも，例えばテストの正解率とかいっ

た人間の興味から出てきた数であった.

　しかし, これらの数が先に見たような見るも鮮やかな関係にあること, つまり, さらに深奥には「三位一体」という深い関係が存在していたことを, 人間はむしろ「発見」したのであって (B さんの感嘆を込めた「見よ!」という言明を思い出していただきたい), 最初から知っていたわけではない. このような発見があると, ではその「意味」は何か?　と人は問い始めることと思う.つまり「三位一体」そのものの意味を問い始めることになるであろう. なぜこのような鮮やかな関係があるのか?　その本当の仕組みは何なのか?　もちろん, これらの新しい「意味」をめぐる問いはちょっと漠然としていて, 視点や状況によっていろいろな解釈がありそうであるが, しかし, これは先に列挙した式の三つの意味以上に深遠で, そうすぐにはわからないようなものであろうことは容易に想像がつくと思う. ある人は B さんの発見がすべて「ずらし算」によるものであったことを思い出して,「基本法則」

$$n-1C_{r-1} + {}_{n-1}C_r = {}_nC_r$$

にその「仕組み」の本質があると予想し, そのような関係式の意味や, またこの類いの関係式が他の現象にも見出されることはないか考え始めるだろうと思う.

　このようなことは実に数学の研究の進め方の典型的な例の一つとなっている. これは思い切って図式化すると

意味→発見→意味→発見→……

つまり「意味」についての考
察と新たな関係の「発見」の
連鎖という形の進め方である.
もちろん，これは数学にとど
まらない科学研究のあり方に
も，そしてもっと普遍的な人
間の生活そのものの中にも見
出せる一つの典型的な精神活
動のパターンであるとも言え
るだろうと思う．ここで注意
すべきことは，つまりこの
「人間の想像力の連鎖」にお
いては，単に人間が最初から
知っていて「与える」という
「意味」のみならず，「記号」
である「式」そのものが語り
かける「意味」もなければ説

F. クライン　第1部「間
奏曲」の「トピックス：ベ
ルンハルト・リーマン」で
もすでに登場したクライン
は，ポアンカレと同分野で
彼とならぶ巨匠であると同
時に「エルランゲン・プロ
グラム」という幾何学の新
しい視座を与えた仕事でも
有名である

明がつかない，ということである．そしてそうであるか
らこそ，この発見と省察の連鎖によって，人間はより深
く数学の「内なる現象」を理解できるようになっていく
のだと思う．

「クラインの壺」で有名なクライン（F. Klein, 1849 –
1925）は「数学において重要なのは悟性ではなく想像力
である」と言っている．またゲーテの色彩論においては
「見るもの」と「見られるもの」の間の関係を深く追求

することが重要であったことも思い起こされる．見るも
のと見られるものの関係が，単に「対立関係」にあるの
ではないのと同様に，「記号」としての式や数というも
のとそれに「意味」を吹き込む人間との関係も，両極的
な関係を超えた，むしろ一つの身体性の中で捉えられる
べきものであるように思われるのである．

　だから数学と「つき合う」上では，単なる「記号」を
暗記するだけなのは問題外であるとしても，人間の一方
的な理解力（悟性）のみをもって，完全に対象化された
ものとして式を扱うことも実は不十分なのである．数式
が人間に語りかける言葉に積極的に耳を傾け，想像力を
膨らませてその意味を汲み取ることも大事であるに違い
ない．人間と数学の関係は歩み寄ったり，ときには突き
放したりして互いにフィードバックを繰り返すような関
係なのだと思う．

　余談ながら，この「想像力」により「意味」を見出す
ということについて，実は「三位一体」を発見する前に
我々はすでにそのひな形をやっているのである．それは
「禅問答」である．コンビネーションそのものの意味か
らは汲み取れなかった「０人選ぶ」といった場合に，
我々は想像力を逞しくしてその意味を探り当てるため
様々な努力をし，数式が語りかける最も自然と思われる
解釈を見出していた．これも小規模ながら，記号と人間
の間のつき合い方の一つの興味深いケースを提供してい
るのである．

　次章以降では，この「数式」が内に秘め「数式」が語りかける「意味」について，具体的な例を用いて詳しく見ていくことになる．これらの「秘められた意味」も，記号としての式に人間が積極的にアプローチしていくことで，初めて数式が「腹を割って」語りかけてくれるものなのである．

トピックス：リーマンの三位一体

　筆者はキリスト教徒ではないが「三位一体」という言葉には弱い．三つの互いに一見全く異なる現象や概念同士が見事に一つに統合される姿を見るとき，数学を超えた何か宗教的とも言える荘厳な感覚を覚える．

　二項定理に関して一つの「三位一体」を紹介したが，筆者が好きな三位一体がもう一つある．以下，筆者の専門である代数幾何学の専門用語が容赦なく現れるが，その内容を理解する必要はないので気にされないで読み進められたい．

　筆者が大学4年生および大学院生向けの代数幾何学の入門講義をするとき，必ず第一回目の授業では「一次元代数幾何学の三位一体」を紹介し，これを鑑賞することから始める．これは「閉リーマン面」，「複素数体上の非特異射影代数曲線」，「複素数体上の一変数代数函数体」という三つの概念が，実は「同等のもの」であることを見事に主張した事実である．そして，こ

の三位一体を最初に本質的に見抜いたのがベルンハルト・リーマン（→第 1 部「間奏曲」の「トピックス：ベルンハルト・リーマン」）であったことも必ず述べる.

　二項定理に関して我々が先に見た「三位一体」は B さんの「見よ！」によってもたらされたもので，つまり（もちろん気付くこと自体は重大な意味を持つが）実際に計算のパターンを見れば気が付けるものである. しかしこの「リーマンの三位一体」はそう生易しいものではない. 気が付いてみればその美しさというか荘厳さから，確かに強烈な説得力を持っているのであるが，しかしそもそもどうやってこれに気が付いたのかとなると全く謎である. 前述（→第 1 部「間奏曲」の「トピックス：ベルンハルト・リーマン」）したように，その背景には「導体面に電極を設置して得られる電流」に関する直観があったことは確かであるが，そこから「リーマンの三位一体」へと大胆に飛翔するには，もちろんリーマンの天才が必要であったのは疑いようのないことであるし，それはまさに天才にしかできない「マスターストローク」であったろうと思う. 「リーマンの三位一体」そのものは，数学を専門とする大学 4 年生程度の学識がある聴衆に対してなら，何とかその内容を説明することができる程度の難易度である. しかしその「証明」となると，これが非常に大変である. そこには前述のリーマン自身もできなかった証明も含まれている. 実際，筆者の講義では第一回

目の授業で紹介するこの「リーマンの三位一体」の証明を完了することを，学期内の目標として進めるのである．それでも完全な証明を与えることは困難であり，どうしても「飛ばし」や「穴」が生じてしまう．それほど難しいのに「美しい」のである．

なお，この「リーマンの三位一体」は一次元の代数幾何学特有の現象であり，実は二次元以上ではこれは崩れる．この「崩れる」ということは，二次元以上は美しくないということを意味するのではなく，実は次元が高くなればそれだけ新しい現象が生じて世界が豊かになるということを意味している．具体的には「双有理幾何学」という新しい世界が生じるのである．この双有理幾何学は，実は長い間日本人のお家芸であり，例えばフィールズ賞受賞者の広中平祐や，これもフィールズ賞受賞者である森重文らの仕事はこの範疇に属するものである．

第6章

パスカルの半平面

二項定理の「ホラ」

つくづく思うのだが，虚数というものを考えた人は偉いと思う．2乗して−1になる数などという，冷静になって考えてみれば実に奇想天外なものを考えたわけだから．単に「考える」だけなら誰でもできるかもしれない．しかし，筆者の言う意味での「偉い」人たちは単に考えただけでなく，それが数学において極めて便利であることを実証した人たちである．いや便利さというだけでなく，それが何か本質的な数学的意味を持つことを明らかにしたことに真の功績がある．「意味」がなければただの記号である．

「虚数」の概念が歴史上に現れるには，第1章にも述べたような，数が事物と表裏一体な「量」的なものという考え方から，自然界をいったん超えた抽象的な「記号」としての数という考え方への移行が，かなりの程度なされなければならなかったのは容易に想像がつく．だから今日の人々のように数の「デジタル的」側面に日常生活の上でも慣れている人々にとっては，確かに虚数を

「数」と認識する土壌が昔の人々より確かなものであると言える．その意味で，昔の人々より今日の我々の方が虚数などの抽象的な数を認識する上で優位である．

　しかし，だからといって，虚数を数学のために準備した人々の発想やアイデアが，現代の視点からは当時ほどには価値の高いものではないということにはならない．実際，第1章でも強調したように「記号」としての数を扱おうとするならば，それに「意味」という生命を吹き込まなければならない．今日では虚数は自然科学や数学の様々な場所に出てきているから，少なくともそれらの分野で仕事をしている人々は，虚数をあたかも「実在」する数であるかのように扱っている．しかし，そのような「実在」感が感じられるのは，人間がそれに「意味」を見出せるからである．そして，虚数を考え始めた「偉い」（と私が言った）人々は，まさにその「意味」を発見したから偉いのである．それは振り子の等時性や万有引力の発見などともならぶ，自然科学の大発見の一つだと筆者は考える．

　しかし，この「虚数」の意味について述べるのがここでの主題ではない．筆者はこれ以後この本の最後まで，二項定理に見られる「一見奇想天外な」事実に焦点を合わせて話をしていこうと思う．その過程で我々は単に式が奇想天外に見えるというだけでなく，そもそもその「意味」は何なのか想像もつかないというような現象にいくつか出くわすことになる．

　それらの「奇妙な」現象はどれも，最初は「記号」の
形式的側面から出てきて「しまう」種類のものである.
だから，それは例えば虚数を知らない人に $i^2 = -1$ な
る数 i の話をするときのように，最初は全く「ホラ」に
聞こえてしまうだろう．しかし，そこには虚数に意味が
あるように，なにがしかの数学的意味がある．そうした
数学的な「ホラ」を，二項定理との関わりでこれ以後は
扱うことになる.

　それらは実は「二項定理」の深みということとも関係
している．第1部最後の「数学の美しさ」について述べ
たところで，二項定理の「深み」については保留してお
いたことを思い出そう．およそ深い定理や命題というも
のは，深い金言や格言と同様に，確かに理解可能なこと
を述べていても「わかってしまうと，もうつまらない」
というものではなく，いつまでも神秘的な印象を人々に
与え続けるものである．それが意外なところに顔を出し
たりするのを見るとなおさらである．数学の深い定理の
場合も，それが「わかってしまった」内容以上のことを
まだ秘めているような感覚を与えるものが多い．そして
それが第5章の終わりに述べた「式」と「人間」の，単
に両極的ではない親密な関係の中で初めて「語りかけら
れる」種類の「意味」なのである．そのような例を二項
定理の中に見出すことができる.

　実際，二項定理は現在の数学といえども実に様々な場
所に様々な形で現れる．だから二項定理が「全部」わか

ったとはなかなか言えないものだと思う．筆者がこれからの章で説明しようとするのは，そのような二項定理の深みを表す現象のほんの一端である．

失われた上半分

　第4章の図12を思い出してほしい．そこでは，もともとのパスカルの三角形（第4章の図10）を左に少し傾けて，左側を垂直にそろえて書いていた．このように書くと，その「三角形」の上半分に何も描かれていない空白地帯ができあがってしまって，これが何とも気になる．ここにも何か数を入れてみたい，という衝動にかられるのは何も筆者ばかりではないと思う．

　ここで大事になるのは，第5章の終わりに強調した「想像力」である．例えば $n = 3$ の行の $r = 3$ 列目にある1の右隣りにはどのような数がくるべきか．このようなことを夢想するのは，なかなか高邁な暇つぶしにはもってこいである．第5章の三位一体を念頭におけば，これは例えば「組み合わせ」の数として解釈するべきものであるとも思われるが，その考えを天真爛漫に応用してみてはどうだろうか．

　$n = 3$ 行目で $r = 4$ 列目の数は素直に考えて「3つのものから4つ選び出す組み合わせの数」である．しかしこれはなかなか威勢がよい．千円札が3枚しかないところから4枚取り出すような話になるから，そんなことができたら手品である．禅問答にもならない．というわけ

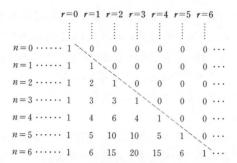

図19 パスカルの三角形とその上半分 パスカルの三角形の上半分にはどのような数がならぶのか. 実はここにはすべて 0 がならぶ, と考えるのが一番自然であり整合的である

であるから, 答えは 0 とならなければならないだろう. そうに違いない!

　もう少し状況証拠が欲しい. だから, コンビネーションの公式 (第 5 章) に素直に $n = 3$ と $r = 4$ を代入する, という作戦もとってみよう.

$$_3C_4 = \frac{3 \cdot 2 \cdot 1 \cdot 0}{4!} = 0$$

となり, 見事に求める数が 0 であると計算されてしまう. ここまで証拠がそろってくれば, もう疑いなくパスカルの三角形の $n = 3$ 行目 $r = 4$ 列目に来るべき数は「0」に違いないと自信を持って言えるだろう.

　ここでの話のミソは, つまりコンビネーションの公式の分子 $n \cdot (n-1) \cdots (n-(r-1))$ が「n から始め

て1ずつ減っていく r 個の数の積」であるということにある. n よりも r の方が大きいと, n から始めて1ずつ減らして r 個の数をならべきる前に必ずどこかに0が出てきてしまうのである. こう考えれば, もっと一般に r が n より大きいときの ${}_nC_r$ は全部0に等しいということになる.

　だから, パスカルの三角形の「空白の上半分」には実は0がならんでいると考えるのが一番妥当だろうということになる（図19）. 少々期待を裏切られた感があるかもしれない. 数字0のならびは, ある意味「空」なものであるとも思われがちであってみればなおさらそうである.

パスカルの半平面

　しかし, 面白いのはここからである. 読者は図19の（もはや三角形とは言えない）パスカルの三角形の, もともと空白だった上半分を付け加えた数のならびにおいても, 依然として基本性質の一つ

　　「隣り合う二数の和は下（ここでは右下）の数に等
　　　しい」

が成り立っていることに気付くであろう（新たな「意味」の発見）. 実際, 空白だったところに付け加えたのは0ばかりだし, もともともパスカルの三角形において各行の右端（図19ではちょうど対角線上にある数）はすべて1だったのだから, これはちょっと冷静になって考え

てみればすぐわかる．というより，ちょっとつまらない．だからこれはあまり重要には思われないかもしれない．

しかしだ．ここまで来ると人はこの基本性質を逆に使って，行を上にどんどん付け加えていくことができるということに気付くのである（新たな段階での「想像力」の行使）．つまり，0 行目（$n = 0$ の行）の上に新しい行を，そのまた上にまた新しい行というように．

やってみよう．0 行目 1, 0, 0, 0, …の上に新しい行を上の基本性質が保たれるように作るのである．行の最初は 1 で始まるのが原則であった．その右隣りの数は 1 とその数をたして右下の数，つまり 0 となるようなものでなければならない．それは－1 である．その隣りの数は，－1 とそれをたしてやはり 0 となるようなものだから，これは 1 である．

これを繰り返して，人は図19の最初の行の上にもう一つ「(－1) 行目」とでも名付けるべき新しい行を

$$1 \quad -1 \quad 1 \quad -1 \quad 1 \quad -1\cdots$$

という 1 と－1 が交互に現れる数のならびで書きたすのである．

ここまで来ると後はしめたもので，その上に「(－2) 行目」，さらにそのまた上に「(－3) 行目」を書いていく．例えば (－2) 行目は

$$1 \quad -2 \quad 3 \quad -4 \quad 5 \quad -6\cdots$$

となる．符号は交互に入れ替わって絶対値が 1 ずつ増えていく数のならびである．(－3) 行目は

$n=-4$ ………	1	-4	10	-20	35	-56	84 …
$n=-3$ ………	1	-3	6	-10	15	-21	28 …
$n=-2$ ………	1	-2	3	-4	5	-6	7 …
$n=-1$ ………	1	-1	1	-1	1	-1	1 …
$n=\ \ 0$ ………	1	0	0	0	0	0	0 …
$n=\ \ 1$ ………	1	1	0	0	0	0	0 …
$n=\ \ 2$ ………	1	2	1	0	0	0	0 …
$n=\ \ 3$ ………	1	3	3	1	0	0	0 …
$n=\ \ 4$ ………	1	4	6	4	1	0	0 …
$n=\ \ 5$ ………	1	5	10	10	5	1	0 …
$n=\ \ 6$ ………	1	6	15	20	15	6	1 …

図20　パスカルの半平面　パスカルの三角形の基本性質を「逆手にとって」考えると，これを上に上にのばして「半平面」にすることができる．これも極めて整合的で自然なパスカルの三角形の拡張となっている

$$1\quad-3\quad6\quad-10\quad15\quad-21$$

となるのが計算できるだろう．これは交互に入れ替わる符号を無視して絶対値のみ見れば，第5章で述べた三角数のならびにほかならないのがわかると思う．

　かくして人は図20のような，上にも下にも，そして右にも無限に続く数のならびを得るのである．この図においても，もともとの基本性質「各行は必ず1から始まる」「隣り合う二数の和は右下の数に等しい」が見事に満たされていることがわかる（そもそもそのように作ったのであるから）．そしてそれは普通のパスカルの三角形をその一部，つまり下半分のさらに左下半分として含んでいるのである．

　筆者はこの見事な数のならびによって平面の右半分が覆い尽くされているさまを

「パスカルの半平面」

と呼ぶことにしたい．そして先にそうしたように各行に図20に示した番号（負の番号もあり）をふり，各列には以前のものと同様な0から始まる番号をふって，以後考えていくことにしたい．負の番号を許すというのは若干心理的に抵抗があるかもしれない（野球の背番号でも，私の知る限り負の数の背番号はまだない）．しかし，これにも実はちゃんとした「意味」がある．それは後に明らかになる．

　この項の最後に一つ注意しておきたい．図20の上半分（$n = -1$以上）をよく見ると，そこには実はもう一つパスカルの三角形がある．この部分の数のならびには，正の数と負の数が交互に現れるのであるが，符号を無視して絶対値だけで見てみると，実はパスカルの三角形を反時計回りに90度回転したものと見事に一致している！

ライブニッツ記号

　パスカルの三角形に現れる数は，第5章の三位一体を通してコンビネーション「$_nC_r$」で表されていた．そしてこれが「n個のものからr個選び出す可能な組み合わせの数」であることも述べた．

　今，我々はパスカルの三角形をその基本性質から拡大してパスカルの半平面とするに及んで，この「組み合わ

せの数」を表す記号が（というよりその「意味」が），こ
こで扱われている文脈ではあまりふさわしくないことを
感じるのである．実際，我々は行の数 n が負の場合も
考えているわけで，例えば「$_{-1}C_1$」などというものを相
手にしなければならなくなってきた．

「－1個のものの中から1個のものを選ぶ場合の数」な
どというのは，もはや禅問答でもどうにも対処しようの
ないものであろう．というわけでもあるし，ここらで
我々はこの組み合わせ論的出自という「意味」とは決別
しなければならない．そしてそれを記念して，別の記号
をもってこれを表すことにしよう．

　我々はパスカルの半平面の n 行目 r 列目の数を，いく
ぶんシンプルに

$$\binom{n}{r}$$

で表したい．これは「ライプニッツ記号」と呼ばれるも
のである．もちろん n が0以上のときは $_nC_r$ と一致する．
しかし，この新しい記号は n が負であっても今後は天
真爛漫に使っていく．そのためにわざわざ記号を変えた
のであった．

　ライプニッツというのは人名である（G. Leibniz, 1646
-1716）．この人がまた大変な人で，数学的な業績だけ
でもニュートンとならんで微分積分学を発見したという
不朽の業績を残した人である．そしてこのライプニッツ
記号は函数の積の微分の計算に現れるものとして得られ

る. もちろん, それは数値的にはパスカルの三角形に現れるもの, つまり二項係数と同じなのであるが, それを微分積分学の枠内で再発見したというわけである.

ライプニッツはまた, 哲学者としても有名な人である.「モナド論」というのがそのキーワードであるが, これはモナド（単子）によって精神的なものも物質的なものも, 一つの目的論的予定調和のうちに統一的に説明しようとい

G. ライプニッツ ニュートンとならぶ微分積分学の発見者. いわゆる「モナド論」によって哲学者としても非常に有名である

う試みであった. もちろんこのようなことは本書の内容とは直接には関係しないからこのあたりでやめておくのだが, ライプニッツは驚異的に博識で頭のよい人であったこと, それだけでなく大変活動的で社交的な人間であったことが伝えられている.

筆者がライプニッツについてもう一つ興味深く思う点は, 彼が論理の形式的記号化という発想をすでに持っていたということである. これは第1章のテーマとも重なる要素を多く含んでいるという点で, 筆者としては格別に興味をそそられる.

そういえば（微積分を知らない読者には申し訳ないが）

ライプニッツは函数 f の変数 x に関する微分を表す記号
として

$$\frac{df}{dx}$$

というものを本質的に使っていたと伝えられている．こ
の記号が「単なる記号」という域を超えた，形の上から
も何とも不思議な整合性を持つものであることは，高等
学校理系の数学で習う程度の微積分を知っている人には
わかると思う．これが17〜18世紀の話であるのだから非
常な驚きである．

　さて，話がそれたので元に戻そう．コンビネーション
について第5章で得られた公式から，少なくとも0以上
の n について

$$\binom{n}{r} = \frac{n(n-1)\cdots(n-(r-1))}{r!}$$

が成り立つ．実はちょっと面白いのであるが，この等式
は n が負であっても正しい（新たな「意味」の発見）．

　実験してみよう．図20によれば，$n = -3$ で $r = 4$ の
ときはこれは15にならなければならない．実際

$$\binom{-3}{4} = \frac{(-3)\cdot(-4)\cdot(-5)\cdot(-6)}{1\cdot2\cdot3\cdot4} = 15$$

となり見事である．そのほかの数でも見事に計算できる
ので，いくつか調べてみられることをお勧めする．

二項定理との整合性

　第4章に出てきた「二項定理」によれば，パスカルの三角形と二項展開との間には目にも鮮やかな対応関係があった．前述のようにパスカルの三角形が「想像力」遅しく一種の「記号のゲーム」によって拡張され，最終的に「パスカルの半平面」になった今，この対応関係を自然に拡張して対応する二項展開の方の現象はどうなっているのか，と問うことは興味がある問題である（次の段階の「意味」への探求）．

　そもそも二項定理は，$(1+x)^n$ という形の式を展開すると，その x の r 次の係数にちょうどパスカルの三角形の n 行 r 列の数が現れるということを主張していたのであった．そして，この数がまさに先のライプニッツ記号で表される数なのであった．

　まずパスカルの三角形の「失われた上半分」について考えよう．ここにはすべて0がならぶのであった（図19参照）．つまり，r が n より大きいときは

$$\binom{n}{r} = 0$$

となるわけである．これは「二項定理」という文脈では何を意味するのだろうか．

　実はこれは案外他愛のないことである．

　二項定理を r が n より大きい場合もそのまま天真爛漫に読めば，これは $(1+x)^n$ を展開したとき，その n よりも大きな次数の係数はすべて0であるということを言

っているに過ぎない．例えば $(1+x)^2 = 1 + 2x + x^2$
は「2次式」であるのであるが，2次より大きい次数の
項は，例えば3次の項は $0 \cdot x^3$ であり4次の項は $0 \cdot x^4$
であり，……というように，その係数がすべて0にな
っているから展開式に現れていないと考えられるのであ
る．つまり，高等学校でも習う程度の数学の用語を使っ
て言うならば「$(1+x)^n$ は x に関する n 次式である」
ということを主張している．だから，パスカルの三角形
の「失われた上半分」にはすべて0がならぶというのは，
確かに「二項定理」と見事に整合するのである．

　では，さらにその上（図20）の部分はどうか．実はこ
れがちょっと驚きなのである．天真爛漫に n が負（例え
ば $n = -1$）の場合にも「二項定理」が成り立つと思っ
てしまうと，以下のような奇妙なことが起こる．

　例えば $n = -1$ とすると，これは $(1+x)^{-1}$ という
式の「展開」（!?）を与えるということになる．-1 に
よるべき乗というのは，つまり「逆数をとる」というこ
とにほかならなかったから，これはつまり

$$\frac{1}{1+x}$$

という式の「展開」なのである．こんな「分数式」の展
開などできるのか？　と思われる向きも多かろうと思う．
だからこの考え方は，ちょっと短絡的すぎるとも言える
かもしれない．しかし，ここでは数学的な話というより，
何か発見的な遊戯をしているのだと気楽に考えて先に進

もう.

図20に示した「パスカルの半平面」の $n = -1$ 行目から数を拾っていくと，これが今考えている「展開」の係数を与えなければならない．つまり二項定理を信じるなら

$$\frac{1}{1+x} = 1 - x + x^2 - x^3 + x^4 - x^5 + \cdots$$

ということになる.

普通の二項定理においては，その展開に現れる式は高々「n 次式」なのであり，n よりも大きな次数のところは0になってしまうから「出てこない」のであった．高等学校で習う用語を使うと，それは「多項式」というものに過ぎない.

しかしここに現れた「展開」においては，それは「無限和」になってしまっている．つまり，どこまでいってもどんなに次数が高くなっても，それは0にならない．だからこれは多項式ではない．「多項式」とは「項が多い式」と読めるが，どんなに多くたってそれは有限個であった．しかし，ここでは無限個の項が出てきてしまう.

これは一見とても奇妙なことを主張している．少なくとも有限個の文字と操作で書かれている左辺が，あからさまに無限個の項を持つ式と等しいというわけであるから，初めて見る人にとってはちょっと奇妙に思われるだろうと思う．他の n でやってみても同様に奇妙な式になる．例えば

$$(1 + x)^{-2}$$
$$= 1 - 2x + 3x^2 - 4x^3 + 5x^4 - 6x^5 + \cdots$$

など.

この章の冒頭で筆者が口走った「二項定理のホラ」の一つがこれなのである.「ホラ」であれなんであれ,これは「二項定理」が人間に「腹を割って」語りかけてきたものである. いわば新たに「発見」としてもたらされたものと思ってもよい. だから, 第5章終わりに述べた人間の典型的な精神活動である想像力の連鎖に従うなら,次にはその「意味」が問題となる. 一体この奇妙な「式」は, 何を意味しているのであろうか.

等比級数の和ふたたび

ここで筆者が第2章で「一般ウサギとカメ物語」を通して紹介した無限等比級数の和の公式

$$\frac{A}{1 - r} = A + Ar + Ar^2 + Ar^3 + \cdots$$

(初項 A で公比 r) を思い出そう. これはそこにも書いたように高等学校の理系の数学の授業にも出てくるもので,その意味でも有名な式であると言ってもよかろうと思う.これは r の絶対値が1より小であるとき収束して(つまり何らかの実数にどこまでも「近付いて」), その値が左辺に等しいということを言っている公式なのだと教わる.そしてこれは, 第2章に述べたように, 少なくとも今の数学が持っている「実数」概念のモデルの中で証明でき

るのであった.

さて, ここで我々は上の等比級数の和の公式の r を $-x$ に置き換え, さらに $A = 1$ とおく. -1 はこれを偶数乗すれば 1 になり, 奇数乗すると -1 になる. だから $(-x)^r$ は r が偶数のとき x^r に, r が奇数のときには $-x^r$ に等しい. このことに注意すると, 書き換えた公式は

$$\frac{1}{1+x} = 1 - x + x^2 - x^3 + x^4 - x^5 + \cdots$$

となる. たとえ B さんでなくともここで気付くだろう. 「見よ!」この式は先ほど二項定理に何も考えず天真爛漫に $n = -1$ を代入して得られて「しまった」, あの「二項定理もどき」の式に一致している!

ここで状況を整理しよう. まず我々は二項定理に現れる二項係数, つまりライプニッツ記号で表される数のならびをパスカルの三角形から出発して半平面にまで拡張した. そうして「パスカルの半平面」なる壮観なものを得た. ここまでは (禅問答などもあったが) ほとんど完全に「数の遊び」であった. 一方, もともとのパスカルの三角形は二項展開というものと美しい対応関係にあった. つまり「二項定理」が成り立っていた. そこで, これまた深いことは何も考えずに「形式的に」パスカルの半平面に現れる数を対応する「二項展開」に当てはめるという, あまり慎重とは言いがたい行動に出たのであった. しかし, それが等比級数の和の公式のように, 確か

に人知れず深みはあっても，一応正しいはずだと思っていたものと，形の上で本質的に一致しているということとなったのである．

　これはなかなか不思議な話である．読者の反応はどうであろうか．この「負のべき指数」に関する二項定理「もどき」も，なにがしかの数学的な「真理」を物語っているのではないかと感じられるものと思う．

無限ずらし算

　無限和の収束といった深くて難しいことを考えないで，完全に「形式的」な「記号の計算」だと思うと，この奇妙な現象も実はさほど難しくなく理解できる．そのことを見てみよう．

　それを行うための方法は，例によって第4章でコンピューターの W 君や M 君がやっていた「ずらし算」である．しかし，今度は無限個の数の「ずらし算」である．だから，これはさすがに W 君でもできない（つまり「パターン」の認識が必要である）．その分だけ人間にとってもより高級なものとなる．

　先の $\frac{1}{1+x}$ の「展開式」の右辺に現れた無限個の項の和で表される式を，便宜的に F とおいてしまう（記号を記号で表すという代数演算の常套手段！）．この F と，それに x をかけたもの，つまり xF を考え，それらを「ずらし」て縦にならべる．

$$1 - x + x^2 - x^3 + x^4 - x^5 + \cdots$$

$$x - x^2 + x^3 - x^4 + x^5 - \cdots$$

そしていつものように，縦の列ごとにたしていく．

$$1 - x + x^2 - x^3 + x^4 - x^5 + \cdots$$

$$x - x^2 + x^3 - x^4 + x^5 - \cdots$$

$$\downarrow \quad \downarrow \quad \downarrow \quad \downarrow \quad \downarrow \quad \downarrow$$

$$\boxed{1 + 0 + 0 + 0 + 0 + 0 + \cdots}$$

　これはなかなか壮観である．うまいこと項が消えてしまって1しか残らない．もちろんこの事実は上の式と下の式では各項の＋と－が交互に入れ替わっている，という人間固有の「パターン」の認識があるからわかることなのではあるが．

　これを翻って考えると，F と xF の和が1である，つまり $F + xF = 1$ ということを意味する．変形すると $(1 + x)F = 1$，つまり $F = \dfrac{1}{1+x}$ となる．ところがそもそも F というのは，上に書いた「$\dfrac{1}{1+x}$ の展開式」の右辺に現れた無限個の項の和で表される式を，便宜的に記号で表したものであった．今それが $\dfrac{1}{1+x}$ に等しいと示されたわけであるから，つまり見事に問題の「二項定理もどき」が計算されてしまったことになる（そして実はこれが「等比級数の和」の公式の，高等学校の理系の数学で教わる「証明」である）．

負のべきも許した二項定理

　第1章の冒頭で「数」には二つの見方，つまり「量」としての見方（アナログ的）と「記号」としての見方

（デジタル的）があると述べ，時代が進むにつれ，概して後者の「記号」としての見方が代数学を生み，より自由な数や式の扱いを可能にしていったと述べた．

　今，先にやったような無限をものともしない「形式的」な計算をするに及んで，我々はこの「記号」としての見方の意義とその自由さを再認識するのである．そこには「量」的な要素は全くない．実際 x に何か数値を代入したら，必ずそこには「収束か否か」という問題が発生し（第2章でゼノンが指摘したように）なかなか難しいことになる．しかし，この「量」的な考え方を全く捨て去り，真に単なる「記号」として完全に「形式的」な計算をするものとみなせば，上のように普通の二項定理のときと同じように，ほとんど機械的な計算で望みの等式を得ることができるのである．

　実は，少なくともこの「形式的」な意味において n が負の場合の二項定理が証明できる．第4章に書いた二項定理の主張において，読者は暗黙のうちに n は0以上と思っていただろうと推察されるが，実はその必要はなく，n は（負の数も含めて）どんな整数でもよい．このような意味においても二項定理は「普遍的」なのである．やはり二項定理は美しい．そして，普遍性の背景に「パスカルの三角形」というこれまた美しい対象が，その基本性質をもとにして極めて自然に「パスカルの半平面」へと拡張されていたという事実があるのである．

　つまり，ここには

$$\boxed{(1+x)^n \text{の（無限）展開}} \longleftrightarrow \boxed{\text{パスカルの半平面}}$$

という表裏一体の対応関係がある．このこと自体も「美しい」事実である．

「パスカルの三角形」において「負の行」（つまり $n = -1, -2, \cdots$ といった行）を考えるというのは，例えば「背番号」として -1 などの数を当てるようなもので，ちょっと奇想天外というかジョークのように思えた読者も多いと思う．ちょっとジョークでは済まされないのは，それに伴って例えば $(1+x)^{-1}$ のような「負のべき」の式を考えたことだった．さらに深刻なのは，その「展開」などという不可解なものまで考えてしまったことである．

読者の心境は，しかし，きっと歴史上「虚数」などという奇想天外なものに出くわした昔の人々の心境に似ているのではないかと思う．$\sqrt{2}$ とか $\sqrt{3}$ とかいうように，正の数の平方根というのは（無理数だから難しいとは言っても）まだ何とか納得がいくものである．しかしこの平方根の記号 $\sqrt{}$ の中身に「負の数」を入れて，例えば $\sqrt{-1}$ のような数を考えるというのは，つまり「虚数」というものを考えるというのは，現在でも多くの人にとって奇怪な感じのするものであろう．式 $(1+x)^n$ のべき数 n に「負の数」を入れて，しかも「展開」してしまうというのは，何かこのような状況に似ていると思う．

しかし，この章の冒頭で「虚数」にも「意味」がある

と述べたように，実はこの奇怪な「展開」にもちゃんと
意味がある．これは大学の微積分で習うであろうと思わ
れる「テイラー展開」と呼ばれるものなのである．n が
2，3，…といった場合の「普通」の展開，つまり第1章
で見たように，大昔の人々が図形を通してすでに知って
いた二項展開は，実はこのテイラー展開というさらに一
般的な概念の特別な例になっている．テイラー展開を説
明することは，実はちょっと難しすぎてここではできな
いのであるが，実はこれは「函数」の「近似」とでもい
うべきものであることを一言述べておく．例えば「円周
率」の10進「展開」

$$\pi = 3.14159\cdots$$

はどこまでいっても終わらない，無限の桁を持つ小数展
開である．なにしろ無限の桁を持つので，そのすべてを
書くことはできないわけで，したがって上のように途中
で切って「近似」として表示しなければならないのであ
る．テイラー展開もこれに似たもので，例えば

$$\frac{1}{1+x} = 1 - x + x^2 - x^3 + x^4 - x^5 + \cdots$$

となるのだが，これは左辺の $\frac{1}{1+x}$ という分数で表され
る函数を右辺のような（途中で切らざるを得ない）式で近
似したものであると考えると，ほんの少しでもわかりや
すくなるかもしれない（どうだろう？）．

「テイラー展開」という「意味」をわかりやすく説明す
ることは筆者の力量不足もあって断念せざるを得ないが，

しかし，この章で筆者が描いてきた「数学行為」は，第5章の終わりに述べた発見と意味による「想像力の連鎖」，あるいは「研究」という行為の一つのステップなのだということを最後に述べておきたい．その意味で，読者にも「数学の研究」という行為を「体験」してもらうように話を進めてきたつもりである．

普通のパスカルの三角形から出発して，これを「パスカルの半平面」へと拡張していくことは，もちろん一つの遊戯に過ぎなかったのであるが，しかし「想像力」を膨らませてこのような「発想」（というか「妄想」）をすること自体が，すでに「研究」という行為の入り口なのである．そしてすでに知っている「三位一体」によって，これが（いかに奇想天外に思えようとも）何らかの意味で「二項展開」と関係しているのではないかと，これまた「妄想」した．そしていくつかの例を計算したり，また「等比級数の和」の公式との決定的な関係に気が付いて，その「妄想」が次第に確固たる信念となったときに（この場合には幸運にも）「証明」らしきものもできたのである．つまり新しい対応関係の「発見」がそこにはあった．そしてその意味がテイラー展開である，ということを見出すのである．

もちろん，研究という「想像力の連鎖」がここで終わるわけではない．実際，もっと深い意味だってあるかもしれないし，きっとあるのである．

第7章

ドッペルゲンガー

無理数の発見

実数には「有理数」と「無理数」の二種類がある（→
第2章「解説：有理数と実数」）．例えば，1，2，3，…な
どの自然数や，$\frac{1}{2}$ などの分数で表される数はすべて有
理数である．無理数とは分数の形には書けない数，つま
り「整数と整数の比では表せない数」のことを意味する．
例えば有名なところでは $\sqrt{2}$ は無理数である．また，円
周率 π や自然対数の底 e なども無理数であることが知ら
れている．

歴史上人類が最初に無理数を認識したのは，記録が残
っている上では第1章の冒頭で紹介した「ピタゴラス学
派」の人々であったとされている．彼らは $\sqrt{2}$ が無理数
であると証明してしまうことによって無理数というもの
があることを，そして数直線上の数として直観的に認識
していた実数が，有理数ではない数を含むことを，初め
て認識したのであった．

実はこの事件は彼らにとっては極めて重大であったに
違いないと思われている．というのも，第1章でも述べ

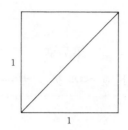

図21　正方形の対角線

たように，彼ら「ピタゴラス学派」の基本理念は「自然
は数によって成り立っている」というものであった．しか
も彼らがそこで注目したのは，全自然の調和と均整が
数の世界をその根源としているという洞察である．その
「調和」と「均整」の代名詞とも言うべき「数」が，彼
らにとっては整数と整数との比という，シンプルに書き
表せる「有理数」でなければならなかったのは容易に想
像がつく．

　しかし彼らはあるとき，この世界の中に完全に自然に
出てくる数（昔は「量」としての数だったことに注意）と
して，有理数ではない「無理数」が現れてくるというこ
とに気付いてしまったのである．それは図21に示したよ
うに，単に一辺の長さが1であるような正方形の対角線
の長さであった．それは「三平方の定理」というピタゴ
ラス学派の人々もよく知っていた定理を用いて計算する
と，まさに $\sqrt{2}$ である．

　ピタゴラス学派にとって，この（数学の歴史上極めて

解説：√2 の無理性

重大な意義を持つ）発見は極めて悲劇的なものであったに違いない．伝承によればピタゴラス学派の人々は，この彼らの思想信条に矛盾してしまう結果をひた隠しにしていたらしい．しかし，あるメンバーがこれを外に漏らしてしまったため，この人はその報いを受けて溺死させられたということである．本当かどうかはわからない．

解説：√2 の無理性

√2 が無理数である（整数と整数の比で書けない）ことの証明は，いわゆる「背理法（帰謬法）」という証明法の典型例でもあるし，それほど難しくないので（これ以後の論旨とは関係ないが）ここに紹介しようと思う．

まず √2 が有理数だと仮定する．こうして矛盾を導くことによって，実はこの仮定が間違いなのであったとするのが背理法という証明法がとる作戦である．

$\sqrt{2} = \dfrac{p}{q}$ と分数の形に書けたとする（p, q は 0 でない整数）．我々が小学校で習ったように，分数で書ける数はいつでも「既約分数」，つまり分子と分母がもうそれ以上約分できない形にまで約分されきってしまっている形に書ける．だから我々はここで，この $\dfrac{p}{q}$ という分数が，すでに既約分数の形で与えられていると仮定することができる．

以下の議論で大切となるのは数の「偶奇性」である．

2で割れる整数は「偶数」と呼ばれ，そうでない（2で割れない）整数は「奇数」と呼ばれるのであった．だから整数は偶数であるか奇数であるかのどちらかである．また，偶数でありかつ奇数でもあるという整数は存在しないので，整数は偶数であるか奇数であるかのどちらか一方でしかない．今，分数 $\frac{p}{q}$ は既約分数であるとしたので，p と q が両方とも偶数であるということはない．もしそうなら p も q もさらに2で割れるので，その分余計に「約分」できてしまう．これはそもそも「既約分数」であったという仮定に反するのである．

$\sqrt{2} = \frac{p}{q}$ の両辺を q 倍すると $q\sqrt{2} = p$ となるのであるが，この両辺を2乗すると $2q^2 = p^2$ となる．この最後の式の左辺は2で割れるので偶数であるから，したがって p^2 は偶数となる．ここで p が奇数とすると，奇数×奇数は奇数であるから p^2 は奇数ということになってしまうが，これは今述べたことに矛盾するから p は偶数でなければならない．

　しかし，p が偶数とすると p は2で割れるので，p^2 は4で割れる．ということは $2q^2$ は4で割れるということになるのであるが，そうすると q^2 が2で割れる，つまり q^2 が偶数ということになる．これは（上と同様に）q が偶数であるということを意味するが，そうすると p と q の両方が偶数であるということになって矛盾する．

　以上より p は，それが「奇数である」としても「偶数である」としても，いずれにしても矛盾が生じてしまうことになる．これはオカシイ．というわけで，そもそも「$\sqrt{2}$ が有理数だ」とした最初の仮定に無理があったことになる．したがって $\sqrt{2}$ は有理数ではない，つまり無理数であるということになるわけである．

　ところでこの議論，以前見た何かに似ているとは思わないだろうか．第3章の「トピックス：集合論と失楽園」で述べた，あの「ラッセルのパラドックス」の議論と似ているとは思われないだろうか．その矛盾を出すまでの手順といい，矛盾が出てくるタイミングといい，何かそっくりのものがある．ラッセルのパラドックスは前述のように素朴な発想から出発した「集合論」という数学者の楽園を，その成功からどん底にたたき落とした決定的なものであった．今ここで示した「$\sqrt{2}$ の無理性」は，無理数というものを知っている現代の人にとっては，もはやパラドックスでも何でもないのであるが，しかしピタゴラス学派の人々のように「数」と言えば「有理数」のことだと思っていた人々にとっては，それは「逃れようのないパラドックス」であり，彼らの思想信条を根底から覆す決定的な鉄槌であったに相違ないのである．そしてこのような「決定的な攻撃」という面においても，これら二つの「パラドックス」はよく似ている．

　それだけではない．ラッセルによってもたらされた

「集合論」のパラドックスは，それを乗り越えて「楽
園」を回復しようという多くの人々の努力により「公
理的集合論」という新しい学問体系を人類が得るきっ
かけとなったのである．そしてこの「$\sqrt{2}$ の無理性」
というピタゴラス学派に対する容赦ない事実は，しか
し後の「実数」という概念や，第2章で述べたような
「実数論」というより深い考え方を，結局は人類にも
たらしたのである．そう考えてみると，この二つの
「パラドックス」はその「生産性」という点でも，お
互いによく似ている．

ドッペルゲンガーの怪

　ドイツ語には「ドッペルゲンガー（Doppelgänger）」
という言葉があり，これは日本語で「影法師」などと訳
されるが，なかなか（言葉そのものの響きからも感じられ
るような）含蓄ありそうな言葉である．「ドッペルゲン
ガー現象」というと，いわゆる「幽体離脱」現象のこと
であり，文学においても心理学においても（そして脳生
理学においても）様々に豊かな話題を提供してきた．

　文学におけるドッペルゲンガーというと，多分様々な
ものがあるのだと思うが，例えばアンデルセンの『影』
などはその典型であるように思う．この物語は，主人公
が自分自身の影に殺されてしまうという，実にオソロシ
イものである．自分と自分の影が入れ替わる，というか

「影」（の人格）にもともとのアイデンティティーであった「自分」が圧倒されてしまう，というのは何とも恐怖心を駆り立てる．それほどオソロシクはないが，それでもちょっと気味が悪い例は，シューベルトの歌曲『白鳥の歌』にある「影法師」という曲（作詞はハイネ）で，これは失恋の苦しみから立ち直ろうとする自分が，いつまでも諦めきれない「影の自分」に出会う話である．

　影は普段意識されない．しかし，それは常に自分にくっついて離れないのである．それは「ひたひた」と近寄ってくる．卑近にも「かげにまわると人が変わる」といったように，何か「影」には人間精神の「もう一つの顔」とでも言うべきイメージを人間は自然に持つようである．この人間心理の深みにある，奇怪ではあるが一面の真理を，このドッペルゲンガーという言葉は言い表しているようである．

　さて，筆者は何でこんな話をしだしたのか．実は第6章で我々が考えた「パスカルの半平面」にはドッペルゲンガーがいる，ということを述べようと思うからである．何はともあれ，それを最初にご覧に入れよう．次ページ図22がそれである．第6章の図20と比べてみてほしい．ちょっと似ているが，しかしずいぶん違う感じもする．

　似ているのは，第6章の図20（つまり普通の「パスカルの半平面」）でも図22でも，どちらも「行の番号」が付いていることである．前者の場合は，負の数をも含めていたが，その番号は「整数」で付いていた．しかしこの

$$\vdots \qquad \vdots \qquad \vdots \qquad \vdots \qquad \vdots \qquad \vdots$$

$n = -\frac{3}{2}$	……	1	$-\frac{3}{2}$	$\frac{15}{8}$	$-\frac{35}{16}$	$\frac{315}{128}$	$-\frac{693}{256}$ ……
$n = -\frac{1}{2}$	……	1	$-\frac{1}{2}$	$\frac{3}{8}$	$-\frac{5}{16}$	$\frac{35}{128}$	$-\frac{63}{256}$ ……
$n = \frac{1}{2}$	……	1	$\frac{1}{2}$	$-\frac{1}{8}$	$\frac{1}{16}$	$-\frac{5}{128}$	$\frac{7}{256}$ ……
$n = \frac{3}{2}$	……	1	$\frac{3}{2}$	$\frac{3}{8}$	$-\frac{1}{16}$	$\frac{3}{128}$	$-\frac{3}{256}$ ……
$n = \frac{5}{2}$	……	1	$\frac{5}{2}$	$\frac{15}{8}$	$\frac{5}{16}$	$-\frac{5}{128}$	$\frac{3}{256}$ ……

$$\vdots \qquad \vdots \qquad \vdots \qquad \vdots \qquad \vdots \qquad \vdots$$

図22　半整数版パスカルの半平面　これは「パスカルの半平面」（第6章の図20）の「影」，つまりドッペルゲンガーである

図22では，その番号は整数ではなく「半整数」つまり

$$n = \cdots -\frac{3}{2}, \ -\frac{1}{2}, \ \frac{1}{2}, \ \frac{3}{2}, \ \frac{5}{2}, \ \cdots$$

のように「奇数の半分」という分数で付いているのである．ちょっと奇怪である．

　しかしもっと本質的な点で，この二つは実によく似ているのである．それは「パスカルの半平面」の「基本性質」，つまり

　・各行の最初の数は1である
　・隣り合う二数の和は右下の数に等しい

という法則がこの奇怪な数のならびにおいても，何と成り立っているのである．なにしろ分数ばかりだから，そ

れを計算するのはちょっと容易ではないが，実際に計算してみると確かにそうである．

筆者はこの奇怪ではあるが，しかし「基本性質」を満足しているという意味では「パスカルの三角形」と極めてよく類似している，この数のならびを「半整数版パスカルの半平面」と呼ぶことにする．それには理由がある．

ライプニッツ記号に分数を入れる

その理由とは，図22でならべた数は実はライプニッツ記号を用いて

$$\begin{pmatrix} \frac{1}{2} + k \\ r \end{pmatrix} \quad (k = \cdots -2, \ -1, \ 0, \ 1, \ 2, \ \cdots)$$

と書かれる数なのだということである．例えば図22で「$n = \frac{1}{2}$ の行」として書かれているのは

$$\begin{pmatrix} \frac{1}{2} \\ 0 \end{pmatrix}, \ \begin{pmatrix} \frac{1}{2} \\ 1 \end{pmatrix}, \ \begin{pmatrix} \frac{1}{2} \\ 2 \end{pmatrix}, \ \begin{pmatrix} \frac{1}{2} \\ 3 \end{pmatrix}, \ \begin{pmatrix} \frac{1}{2} \\ 4 \end{pmatrix}, \ \begin{pmatrix} \frac{1}{2} \\ 5 \end{pmatrix}, \ \cdots$$

という数のならびである．

そんな無茶な！ と思われるかもしれない．今までライプニッツ記号には（負の数は許したが）整数しか入れてこなかった．そこに $\frac{1}{2}$ などという「分数」を入れてしまうとは．

しかし，そもそもライプニッツ記号の式

$$\begin{pmatrix} n \\ r \end{pmatrix} = \frac{n\,(n-1)\cdots(n-(r-1))}{r\,!}$$

を見てみると，その n には分数だろうが何だろうが，

どんな数だって代入できると気付くのである．実際やっ
てみると，例えば

$$\binom{\frac{1}{2}}{3} = \frac{\frac{1}{2} \cdot (\frac{1}{2} - 1) \cdot (\frac{1}{2} - 2)}{3 \cdot 2 \cdot 1}$$

となるが，これをがんばって計算してみると $\frac{1}{16}$ となり，
確かに図22の「$n = \frac{1}{2}$ の行」の左から4番目（$r = 3$）
の数と一致するのである．もし読者の手元に紙と鉛筆と
持て余した時間があるなら，その他の数でも計算して確
かめてみられるとよいと思う．

分数べきの展開

　ここまでこの本を読んできて筆者のスタイル（という
か性格）を知っている読者には，ここで話が「メデタシ
メデタシ」とはならないことが予想できると思う．もち
ろんである．次にやらなければならないことは，この
「分数」をも許容するライプニッツ記号を使って二項展
開を形式的に考えてしまうことである（新たな「意味」
の探求！）．

　例えば $n = \frac{1}{2}$ という場合（先に計算した場合）を考え
よう．その際考えなければならないのは

$$(1 + x)^{\frac{1}{2}}$$

という式の「展開」である．これは何と「分数べき」の
式である．第6章では「負のべき」を考えて，それだけ
でも大冒険であったのであるが，ここではそれに飽き足
らずに「$\frac{1}{2}$ 乗」などというものを考えてしまうことに

なり，しかもその展開まで考えてしまうのである．

確かにオソロシイことではあるが，しかし第 6 章の終わりにも述べたように天真爛漫に「式」の「遊戯」を楽しむことが，何らかの意味で研究の入り口なのであり，それが想像力をかき立てる精神の冒険なのであってみれば，今の我々としても（こわごわでも）想像力の翼を広げてみるのもよいではないか．失敗したところで怪我をするわけでもないし，損をするわけでもないのである．

とにかく天真爛漫にその「展開」を書いてみると以下のようになる．

$$(1+x)^{\frac{1}{2}} = 1 + \frac{1}{2}x - \frac{1}{8}x^2 + \frac{1}{16}x^3 - \frac{5}{128}x^4 + \frac{7}{256}x^5 - \frac{21}{1024}x^6 + \cdots$$

何やらエライことになってきてしまったが，これは数式が我々に語りかけてきた「秘密暗号」である．我々はどう解読すればよいのだろうか．

√2 の計算

そもそも左辺の「$(1+x)^{\frac{1}{2}}$」とは何のことであろうか．何でもよいから数を考えよう．例えば 2 という数を考える．その数の「$\frac{1}{2}$乗」とはなんであろうか．つまり

$$2^{\frac{1}{2}}$$

という数である．

その答えが知りたかったら，この数を 2 乗してみればよい．

$$(2^{\frac{1}{2}})^2 = 2^{(\frac{1}{2} \cdot 2)} = 2^1 = 2$$

であるから，その答えは 2 である．だから 2 の「$\frac{1}{2}$
乗」とは 2 の平方根のことにほかならない．つまり $\sqrt{2}$
（または $-\sqrt{2}$）のことである．

　このことは「$(1+x)^{\frac{1}{2}}$」にも，ほとんどそのまま当
てはまる．つまり「$(1+x)^{\frac{1}{2}}$」とは $1+x$ の平方根の
ことにほかならない．そして先の「展開式」は，この
「$1+x$ の平方根」というものの展開（実はこれもテイラ
ー展開）を与えているのである．

　このことはいかに奇想天外に聞こえようとも，しかし
数式が我々に「語りかけてきた」金言なのであるから，
無下に扱うことはできないだろう．我々としては，この
数学が語ってきた「真実」と思しきものを味わう気持ち
が必要である．では，どうすればこの「真実」を味わう
ことができるだろうか．その方法の可能性はもちろんた
くさんあり得るだろうが，ここではせっかくこの章の出
だしが $\sqrt{2}$ であったこともあるので，この $\sqrt{2}$ を「計算
する」ということに，その可能性を見出してみようと思
う．

　なにしろ上で得られたのは「$(1+x)^{\frac{1}{2}}$」というもの
を表す式（展開式）なのであるから，この x に $x=1$ を
代入して，これを $(1+1)^{\frac{1}{2}}$ としてしまえば $\sqrt{2}$ が計算
できそうである．これは調子がよい！

　それはもっともなのであるが，実はこれではちょっと
問題がある．これは「収束」という問題に関わる微妙な
点であるから，ここではあまり詳しく述べたくはないの

であるが，しかし実際 $x = 1$ を代入するという作戦では期待するほどの結果を得ることはできない．ちょっと工夫が必要である．

$\sqrt{2}$ は「二回かけると 2 になる」数である．つまり

$$2 = \sqrt{2} \cdot \sqrt{2}$$

なのであるから

$$\frac{1}{\sqrt{2}} = \frac{\sqrt{2}}{2}$$

ということになる．$\frac{1}{\sqrt{2}}$ というのは $\sqrt{\frac{1}{2}}$ のことにほかならないから，これは「$\frac{1}{2}$ の平方根の 2 倍は 2 の平方根である」ということを意味する．

したがって，$\sqrt{2}$ を計算したいなら「$(1 + x)^{\frac{1}{2}}$」の x に $x = -\frac{1}{2}$ を代入して「$\frac{1}{2}$ の平方根」を計算しておいて，その結果を 2 倍すればよいということになる．そして，この $x = -\frac{1}{2}$ を代入ということで，今度はうまくいくのである．

実際にやってみよう．201ページに書いた展開式の右辺に $x = -\frac{1}{2}$ を代入して全体を 2 倍する．

$$2 \left(1 + \frac{1}{2} \cdot \left(-\frac{1}{2} \right) - \frac{1}{8} \cdot \left(-\frac{1}{2} \right)^2 + \frac{1}{16} \cdot \left(-\frac{1}{2} \right)^3 \right.$$
$$- \frac{5}{128} \cdot \left(-\frac{1}{2} \right)^4 + \frac{7}{256} \cdot \left(-\frac{1}{2} \right)^5 - \frac{21}{1024} \cdot \left(-\frac{1}{2} \right)^6$$
$$\left. + \cdots \right)$$

ここでは紙幅の都合で $\left(-\frac{1}{2} \right)$ の 6 乗の部分（つまり $r = 6$ の部分）までしか書けなかったが，もちろんこれはどこまでも続く無限和である．無限和そのものを計算

することはできないから，人はどこかで妥協して計算を打ち切りにしなければならない．途中で諦めてしまうわけだから，その結果は$\sqrt{2}$そのものではなく，「近似」でしかない（第6章の終わりに「テイラー展開とは一種の近似である」と述べたことを思い出そう）．しかしその近似は計算する項の数を増やせば増やすほど正確になる，つまり実際の$\sqrt{2}$の値に近付いていくのである．

　もし読者が今この時点で極めて暇ならば，上に書いた数の計算を実際にやってみるのもよいだろう．暇つぶしとしては極めて有効である．しかし，現在ではコンピューターというものがあるので，実はその計算は（プログラムさえ正確に書けば）それほど大変なことではない．ありがたいことである．

　筆者はコンピューターのM君を使って，この計算を$\left(-\frac{1}{2}\right)$の20乗の項（$r = 20$の項）まで試みた．その結果は大体

$$1.414213568\cdots$$

というものであった．実際に

$$\sqrt{2} = 1.41421356237309\cdots$$

（ヒトヨヒトヨニヒトミゴロ…）であるから，これは結構いい線いっている．

トピックス：円周率の計算

本文では「半整数版パスカルの半平面」を使って

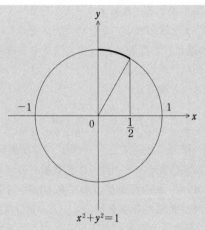

$$x^2+y^2=1$$

図23　積分範囲と円弧

$\sqrt{2}$ の計算を試みたのであるが，実はこれを使って円周率「π」の計算もできるのである．しかしその計算には，残念ながら高等学校理系で習う程度以上の微積分の知識が必要となる．これをご存じない方はこの部分を飛ばして先に進まれても構わない．いずれにしても，ここで行う計算は以後の内容とは関係がない．

　半径1の円の円周の長さは 2π である．弧長を求める積分

$$\int ds = \int \sqrt{1 + y'^2}\, dx = \int \frac{dx}{\sqrt{1 - x^2}}$$

を $x = 0$ から $x = \frac{1}{2}$ まで積分すると，これは中心角 $\frac{\pi}{6}$ の円弧の長さとなるから，この積分値を6倍すれ

ば円周率が求まる．なぜ $x = -1$ から $x = 1$ までの積分をそのまま求めないのかというと，そこにはやはり「収束の速さ」の問題があって，期待するほどの結果が出てこないからである．

求めるべき積分は

$$\int_0^{\frac{1}{2}} (1 - x^2)^{-\frac{1}{2}} dx$$

なので，積分の中身を「$-\frac{1}{2}$ 乗」の二項展開を使って展開してしまう．その際「半整数版パスカルの半平面」の $n = -\frac{1}{2}$ の行を使うのである．展開をしておいて，次に展開の各項を積分し（その積分は簡単である）その後にこれらをたし上げる．ここで「無限和と積分の順序の交換」という（多分大学の数学科の学生にとっても難しい）ウルトラＣをやっているのであるが，これを気にしないで計算するとちゃんと円周率が求まる．

圧倒する「影」

というわけであるから，どうやら「二項定理」が $n = \frac{1}{2}$ というように，n が分数のときにも正しいらしいという気分が伝わったものと思う．

分数べきの二項定理の正しさを認識し，しかもそれを様々な計算に積極的に適用した最初の人は，ニュートン（I. Newton, 1643 - 1727）である．ニュートンはご存知の

通り，自然科学の歴史の中で最も重要な仕事の一つと考えられる「万有引力の法則」を含めた，古典力学の創始者としてあまりにも有名な人である．それに前述のライプニッツとならんで微分積分学の創始者でもある．分数べきの二項定理のような計算は，その当時の数学者の目にも何か「不思議な計算」と映っただろう．しかもそこから，とにかく正しそうな数値や結論が導かれるのだから，まるで手品のようにも思われただろうと思う．

I. ニュートン　言わずと知れた大物理学者にして大数学者．万有引力の発見者にして古典力学の創始者である．数学においても微分積分学の発見にとどまらず，後世に及ぼした影響は計り知れない

　先には「パスカルの半平面」の「ドッペルゲンガー」，つまり「影法師」として「半整数」を行の番号としたものをことさらに扱ったのであるが，もちろんそれに限る理由はない．例えば

$$n = \cdots -\frac{8}{3},\ -\frac{5}{3},\ -\frac{2}{3},\ \frac{1}{3},\ \frac{4}{3},\ \frac{7}{3},\ \cdots$$

という数を行の番号にして，同様にまた新しい「ドッペルゲンガー」を作ることも可能である．要するにライプニッツ記号の n に上の数を代入して計算していけばよ

いのである．ただ，ここでこのような「行番号のならび」が，ちょうど「1ずつ増えていく」ように選ばれていることは重要である．そうであれば，その新しいパスカルの半平面の「ドッペルゲンガー」も，基本性質

・各行の最初の数は1である
・隣り合う二数の和は右下の数に等しい

を満たすのである．

　だから「パスカルの半平面」の「影」は，実は無限にたくさんある．まさにそれはパスカルの半平面の「行間」として影の世界に隠れていたものであったのだが，我々はその「影」を見出したのである．しかも，最初の「パスカルの半平面」と同様に「二項展開」との美しい「対応関係」付きで．さらに言えば，その「影」が実は無限に多くあったということは，また格別なロマン的情緒を誘うのである．実は「影」の世界の方が豊かであった！　それは全く日常的な「パスカルの三角形」を圧倒する存在感を有している！

　このようなこと，つまりもともと「見える」事象から得られた数学の世界の裏に「見えない」影の部分が実は隠されていて，それを調べてみると実はその「影」の部分こそ圧倒的な存在感を与えるものになっている，ということは数学の世界ではしばしばある．そのような例の中で（この本をここまで読んできた）読者にとっても卑近だと思われるものは，まさにこの章の冒頭で論じた有理数と無理数の関係の中に見出せる．有理数は自然の中で

「目に見える」整合性を伴って知覚できる顕在的な数であり，第1章の冒頭にも述べたように，ピタゴラス学派の人々にとってはこれらが「自然そのもの」であったのである．そうであればこそ，それは彼らにとっては単なる教義にとどまらず，共同体そのもののアイデンティティーでもあったのであろう．しかしそれが「$\sqrt{2}$の無理性」によって音を立てて崩れ去るのである．それは彼らの信じていた「美しい」数の世界に，まさに「影」の部分があるということを，そしてその真っ暗な深淵がぽっかり口を広げているのを思い知らせたのである．

　それどころではない．第3章の「トピックス：集合論と失楽園」で述べた「禁断の木の実」，つまりカントールの実無限論というものによれば，有理数より無理数の方が圧倒的に多いのである．実数の中で実はほとんどすべての数が無理数である．有理数はその中で真に例外的なものでしかない．実数論の「真理」は，その数学的モデルがどうであっても内的な整合性をどこまでも具えた「美しい」ものであることには変わりはないのであるが，しかしそこにはこのような「闇」の部分もあり，そしてむしろその部分の方が圧倒的なのである．

　これは数学という，人間の芸術的な作品の，我々の認識能力に対する永遠の挑戦でもある．有理数は「書ける」数である．しかし無理数はそうはいかない．そこには必ず「無限の操作」が入る（→第2章「解説：有理数と実数」）．だからこれを完全に「記述する」ことはできな

い. 例えば無理数が有理数に比べて「どれほど多いのか」というような記述的問題は真に超越的な性格を持つことになる（いわゆる「連続体仮説」に関する一連の仕事がこれを物語っている）. いかに「モデル」としての実数論が整備されて, 実数を扱う上での数学的概念装置やテクノロジーが進化しても, 人間は真に完全に実数を理解することはできないであろうとも思われるのである.

第5章の最後では「見るもの」と「見られるもの」の間の微妙な関係が, 事物事象と独立ではいられない「人間」と形式的な「記号」としての数式の間に典型的に見受けられることを述べた. ここではさらに進んで「見えるもの」と「見えないもの」の対置が問題となっていることに気付く. 有理数や無理数といった概念にしても, それが客観的な自然現象ではなく, また人間のまなざしが感じるような数の風景でもない, 主客未分化のところに端を発しているからこそ, 真に理解が難しいのかもしれないのである. そこにあるものこそ, いかに数学という言語が進歩発展しても完全に言い表すことはできないような, 数というものの「肉」なのかもしれない.

メルロ゠ポンティの後期思想においては, 言語の意味の「作動」や「指向性」について深く追求された[1]. 今や我々は, 最初の「パスカルの三角形」が深奥に隠し持っていた「パスカルの半平面」や, その影の部分を目の

---

[1] 『メルロ゠ポンティの思想』木田元著, 岩波書店, 第VII章

当たりにするに及んで，何かしら深い類似があることを感じるのである．「パスカルの三角形」から，そのドッペルゲンガーへ至る道程は，新たな「可視性」の獲得の連鎖にもたとえられるだろう．各段階での新しい「可視性」は，また次の段階への意味をわき出させる．記号としての数式はすでに語られた意味のみならず，未だ決して語られたことのない意味を常にわき出させているのである．美しい数式が，たとえ証明されてしまっても，いつまでも人に神秘的な印象を与え続けるのも，そんなところに理由があるのではないだろうか．その意味で，数にしろ空間にしろ，その「肉」とでも言うべきものからどの部分を「見える」ものとして切り出してくるか，つまり一つの「理念」として昇華させるか，ということが人間が行う数学行為というものの意義や芸術性を決める重要な要素なのだろうと思われる．

　次章ではこのような数式からの「意味のわき出し」の，さらに印象的な例を見ることになる．

第8章

倒錯した数

倒錯した世界

「数とは計算できる記号である」という基本的な立場表明から始まり，主に「二項定理」を主軸として数学の「正しさ」や「美しさ」という実は巨大な問題について考えてきたこの本も，ようやく最後の章を迎えることとなった．最後の章を飾るにふさわしく「記号」としての数の一つの極みとも言える，ある種の「倒錯した数」の体系について，それも「二項定理」との関わりをも踏まえながら紹介することにしたい．

第6章にも述べたように，それはある種の「記号遊戯」から少なくとも最初は立ち現れるような種類のものなのであり，その意味で極めて「奇想天外」な印象を受ける．しかし最終的には「自然な」意味が付くような種類のものなのである．だから，そのような現象に出くわすときには，最初から受け付けないような態度や安易な記号ゲームであるといった即断はせず，とりあえず寛容の精神でこれを受け入れていただけるように読者にはお願いしておきたい．なにしろ以下に現れるような「奇想

天外な」現象や対象は，あたかも「虚数」が単なる「無意味な記号」でないのと同じような理由で，それは単なる記号の遊びでは決してない．そしてそこから学び取れる「真理」というか，その倒錯した数が語りかけるものもあるのである．その声を聴き取るには，しかし冷静な観察と分析が必要だ．

　夏目漱石（なつめそうせき）の『吾輩は猫である』に出てくる「猫」は，主人（「苦沙弥先生（くしゃみ）」）の後をつけて生まれて初めて銭湯というものを見る．好奇心からである．「天下に何が面白いといって，いまだ食わざるものを食い，いまだ見ざるものを見るほどの愉快はない」のである．この心境は今の我々のものと似ているだろう．そしてピラミッド状に積まれた小桶（おけ）に身を躍らして，窓から銭湯の様子を見た．そこで猫は，およそ文明人たるものは着用せねばならない「服」を全くまとわない裸の集団を見て仰天する．「人間として着物をつけないのは象の鼻なきが如く（ごと），学校の生徒なきが如く，兵隊の勇気なきが如く全くその本体を失している」のであるが，今まさに眼下に全く倒錯した世界を見てしまった．それは「まるで化物に邂逅（かいこう）したよう」な「奇観」であった．

　しかし「猫」は，その全く「倒錯した世界」を目の当たりにしても冷静である．「吾輩は文明の諸君子のためにここに謹んでその一般を紹介するの栄を有する」として冷静に状況を観察し，これを記述するのである．単に目に見えるだけの現象のみならず，そこに繰り広げられ

る狂態の渦中にある人々（特に苦沙弥先生の）心中の動きまで冷静に分析してみせる．『吾輩は猫である』のこの名前のない猫は，全くこのような冷静で鋭い観察眼がその特徴であり，それがこの小説の面白さの一つである．しかし「猫」の真骨頂は観察眼や分析能力だけではない．観察から得られたものを，なにがしかの「真理」まで高めるという極めて高邁な能力にも恵まれている．銭湯で繰り広げられる「倒錯した」人間の狂態から，猫は「平等はいくらはだかになったって得られるものではない」という真理に至るのである．

「およそ文明人たるもの」，いや「およそ数学たるもの」という考え方からしたら「化物」のように倒錯したものに出くわしても，我々はこの「猫」のように冷静でありたいものである．

禁則破り

さて，さっそく始めよう．

まず第2章で出てきた，いわゆる「等比級数の和の公式」

$$1 + r + r^2 + r^3 + \cdots = \frac{1}{1-r}$$

を考える（ただしここでは「初項」Aは1とおいた）．第6章に述べたように，これは形の上では，べき指数 n が -1 に等しい場合の「二項定理」に本質的には同じものなのであった．そしてそこでも述べたように，この式の

左辺は r の絶対値 $|r|$ が 1 より小であるときに収束するのであった．もちろん（明らかだと思うが）$|r|$ が 1 よりも大きいときには発散する．つまり，その値はいくらでも大きくなってしまい，特定の数に近付くということはない．

　ここで r に 10 を代入するという，あからさまな禁則をやらかす．

$$1 + 10 + 100 + 1000 + \cdots = -\frac{1}{9}$$

左辺は和の項を増やしていけば，その値は確かにどんどん大きくなっていくから，明らかに発散している．この発散するものが，しかし右辺では $-\frac{1}{9}$ という極めておとなしい数になっている．

　あからさまに発散してしまう無限和が，普通のおとなしい数，それも負の数に等しいなどということを物語るこの式は，だから禁則破りから出てきた「タブー」な式であると多くの人が思うに違いない．しかしこれから筆者がやろうとしていることは，まさにこの式が「合っている」世界があるのだ，ということを説明することである．それはそんなに安直なものではないことも確かであるが，それでもその興味の尽きない完全な「別世界」の存在は（たとえ難しい数式がわからなくても）感じとってもらえるものだと思う．まさに「数学にはタブーがない」のである．

10進展開

第1章で触れた数の「10進展開」というものを思い出そう．まず気付くことであるが，先に書いた「奇観な」式の左辺は「1の位が1」，「10の位が1」，「100の位が1」…というように，すべての位の数が1になっているような「無限桁」の数だと思えるということである．つまり

$$\cdots 111111111 = -\frac{1}{9}$$

ということだ．もちろん，こんな「無限に桁が続く数」というのはどう考えてもおかしなものであるから，これもずいぶん無茶な話だと思われるだろうと思う．実際，禁則に禁則を塗り重ねるようなもので，まことに「奇態である」としか思えないことである．

しかし筆者はそんな批判には全く耳を貸さず，どんどん話を進めてしまうのである．次にやることは，上の「奇態な」等式の両辺を9倍して

$$\cdots 999999999 = -1$$

という式を得ることである．これまた奇妙な式だと言わざるを得ない．

実は後で明らかになることであるが，この「奇妙さ」は

$$0.999999999\cdots = 1$$

という第2章でも紹介した式の「薄気味悪さ」とか「幻想」感といったものと全く同質のものなのである．その

意味で，ここで筆者が提示した「式」は現代の高度にデジタル化された社会に慣れた人々にも約2400年前にゼノンが感じた「幻想感」を追体験してもらうための格好の題材となっている，と筆者は思う．

状況証拠

　さて，筆者は文明の諸君子のためにここに謹んで，この奇態な現象を検証してご覧に入れようと思う．ここでは，上のような小数点「以上」9という数が無限に続く，いわば「無限10進展開」で書かれるような「数」が，ある意味ちゃんと－1に等しいことの状況証拠を二つばかり挙げることにしたい．

　まず一つ目．－1というからには1をたして0にならなければならない．というわけでやってみる．小学校で習う普通の縦型の計算である．

$$\begin{array}{r} \cdots 9999999999 \\ +\qquad\quad 1 \\ \hline \cdots 0000000000 = 0 \end{array}$$

「繰り上がり」が無限に続いているので，このような計算ができるのである．当然ながら，これはそのような「パターン」をちゃんと認識できて初めて可能となるような計算である．さもなくば，その計算には本当に無限の時間がかかってしまう！

　もう一つの状況証拠を挙げよう．中学生は負の数を習うと，－1と－1をかけると1になるのがなぜなのか思

い悩み，夜も寝られないのである．これに対して，大抵は例えば「負債を失うことは，利益を得ること」などのような説明がなされるわけである．もちろんそれはそれでよいのであるが，しかし，これはあくまでも数を量として見る視点からの説明なのであって，だからアナログ人間には理解できるだろうがデジタル人間にはなかなか理解されないものである．（－1）・（－1）＝1という式も，それが「数と数の演算」である以上計算できなければならない！

　そこで計算してしまおう．

$$
\begin{array}{r}
\cdots 999999999999999999999999999999 \\
\times \quad \cdots 999999999999999999999999999999 \\
\hline
\cdots 999999999999999999999999999991 \\
\cdots 999999999999999999999999999991 \\
\cdots 999999999999999999999999999991 \\
\cdots 999999999999999999999999999991 \\
+ \cdots\cdots\cdots\cdots\cdots\cdots\cdots\cdots\cdots\cdots\cdots\cdots \\
\hline
\cdots\cdots\cdots\cdots\cdots\cdots\cdots\cdots\cdots\cdots\cdots 0001 = 1
\end{array}
$$

と見事に（－1）・（－1）＝1が計算されている！　ここでは普通の数のかけ算のときと同様に，まずかけ算したい二つの「数」を縦にならべて書いて，下の「数」に現れる桁の数を右から考え，それを上の数にかけ算したものを次々にならべるということをしている．今の場合，なにしろ桁は無限に多くあるから，その「ならべる」段階ですでに無限に多くの「数」をならべなければならな

いのであるが，しかし，その「ならび」は一段ずつ順々に左へずれていくので，最初の数桁だけ計算して「パターン」を見るという芸当が可能となるのである.

それにつけても，筆者はこのような常軌を逸した計算が「できちゃっている」ことに，ある種の感慨を覚えずにはいられない. このような計算は決してコンピューターにはできないに違いない. 人間の，「パターン」を認識し，それを自在にあやつる能力には限界がないのでは，などと思ってしまうのである.

ちなみに，先の一つ目の状況証拠からわかると思うのだが

$$-2 = \cdots999999998, \quad -3 = \cdots999999997$$

といった式もある.

このように「無限桁の10進数」というものは，それはそれでちゃんと「計算できる記号」となっているらしいということがわかると思う.

その通り. それは「記号」である. 「無限桁の数」というと途方もなく巨大な数のような印象を受けてしまうのであるが，そのような「量」的な視点からは解放されなければならない.

仮説的な「距離」の概念

このような無限桁の数の計算には他にも多くの面白いものがあるが，ここではこのくらいでやめておく. 興味ある読者は自分自身でそのような例をまだまだたくさん

見つけることができるものと思う.

　では，この一見常軌を逸したように見える「計算できる記号」の「意味」とはなんであろうか.

　これを説明するためには，第2章の最後で実数論というものの「モデル」について述べたことに立ち返る必要がある. そこでは「連続な実数」という概念を得るために，自然現象そのものの記述からいったん離れ，抽象的な記号として実数を「人間が」構成するという視点について述べた. この構成のために最も重要な役割を果たすのが，実は「距離」あるいは第2章に出てきた言葉を使うと「計量」の概念である.

　同じところでさらに筆者は，空間に内属するのではない，人間が「与える」仮説的な意味での「計量」という，リーマンの当時としては極めて斬新な視点についても触れた. 今我々が議論しようとしていることも，実はこれに非常によく似ている.

　そもそも実数を定義しようと思ったら「距離」の概念が不可欠である. というのも，無理数をも含めた実数はすべて有理数の「極限」で表されるから（→第2章「解説：有理数と実数」）. 実際

$$\pi = 3.1415926535\cdots$$

などのように，我々は無理数を「近似」を通して把握する. なぜか. それは近似を通してしか，一般にはそれらの数を認識できないからである.

　円周率のような数を小数で書くには，無限個の桁が必

要である．無限個の桁を書くということは決してできないから，したがって我々はそのつど有効な桁数までで打ち切った近似で満足するしかないのである．現代のコンピューターを用いれば，円周率は小数点以下何十兆桁もの桁数を計算できる．しかしどんなにコンピューターが速くなっても，どんなに計算機の性能が向上しても，円周率という実数を完全に正確に出力することはできない．それは第2章の「ウサギとカメ物語」でウサギとカメの「差」をどこまでも正確に測ることができないのと全く同様である．

　しかしこれは逆に言えば，どんな実数も有限の桁を持つ小数，つまり有理数で好きなだけ近似できるということを示している．「示している」というより，それが実数というものの基本的な性質であるし，どんなに近似をよくしても，そして（実験や観察では決して到達できない）「極限」をとったとしても，そこに必ず数がある（「穴」や「断絶」はない）という信念そのものが実数の連続性なのであり，実数論という「モデル」を人間が構成する際の指導原理なのである．

　例えば1は0.9で近似できる．もっとよい近似を与えたかったら0.99がそれである．0.999はもっとよい近似である．さらに……と桁を増やしていけばいくらでもよい近似ができる．そして「極限」では1 = 0.99999…である，ということになる．

　この近似の度合いのよさを測るのが「距離」である．

0.9 より 0.99 の方が 1 に「近い」．なぜなら 1 との差を比べて，0.1 より 0.01 の方が「小さい」からである．この「小さい」という概念が，今は普通の絶対値で与えられているのである．そしてその差を「いくらでも小さく」していった先に「極限」がある．だから，極限の概念を得るには「距離」の概念は不可欠である．

　しかし，リーマンの考え方にも現れていたように，リーマン以後の数学，つまり実数を「モデル」によって人間が構成するという視点からの数学においては，この「距離」の概念は最初からあるものではなく，これも人間が外から与えるものなのだという考え方が大事なのであった．そしてまさしく，この「普通の絶対値」という距離概念より他に，いくらでも整合的に「距離」を与える概念はあるのである！

　それはまさにユークリッド幾何学に対する非ユークリッド数学のようなもので（→第2章「トピックス：非ユークリッド幾何学」）「モデル」そのもの，あるいは「モデル」の変数を少し変えることで得られる種類の「変種」である．今の場合は普通の「絶対値距離」を「10進距離」と呼ばれる新しいものに取り替えることで，普通の実数とは全然異なる全く新しい数の体系が，そして全く新しい「連続」の概念が得られるということがこれに対応している．

10進距離による「近似」

　非常にラフに言うと，10進距離とは「差が 10 で割れれば割れるだけ近い」という形で定義されるものである.

　例えば 9 は－1に「近い」. なぜなら，その差 9 －（－1）＝ 10 は 10 で割れるから. また，99 は－1に「より近い」. なぜなら，その差 99 －（－1）＝ 100 は 10で二回割れるから. そして 999 は－1に，さらに「より近い」. なぜなら，その差 999 －（－1）＝ 1000 は 10 でさらに一回多く割り切れるからである.

　だから，この「10進距離」という全く新しい「距離」の概念を「与える」と

$$9,\ 99,\ 999,\ 9999,\ 99999,\ 999999,\ \cdots$$

という数列は，いくらでも－1に「近く」なっていく. つまり，これは10進距離で－1に収束していく数列である. 言い方を変えれば，この数列に現れる数は－1の10進距離による近似を与えている. それは，通常の「絶対値距離」に関して

$$0.9,\ 0.99,\ 0.999,\ 0.9999,\ 0.99999,\ 0.999999,\ \cdots$$

という数列が 1 に収束していく，つまり $1 = 0.99999\cdots$ であることと全く同様なのだ. ただ両者の間の相違は「距離」の概念が違うということだけなのである.

　だからすでに述べた

$$-1 = \cdots 999999999$$

という一見奇態に見える式も

$$1 = 0.999999999\cdots$$

と同様に「近似」を与える式なのである．それらはお互い全く同じ（仮説的な「モデル」の中で証明できるという）意味で「正しい」のであり，だからお互い同じ意味で「幻想」的であるということになる．

　第2章に出てきたゼノンにとっては，後者の式は「幻想」であるだろう．他方，現代のように「デジタル的」な数の概念が一般にも浸透していっている時代においては，多くの人にとってそれは常識的な式となっていると思う．しかしそれでも前者はそうとはいかないだろう．つまり，この奇妙な式を現代の人々が見るときに感じるのは，ゼノンが今から約2400年前に感じた，あの幻想感に似たものであると思う（だから，もしかしたら今から数千年後の未来の人にとっては前者の式も常識的なものになるかもしれない）．

p 進数

　実は先に少し説明した「10進距離」という距離の概念は，通常の絶対値距離に比べて一つだけ問題点がある．普通の絶対値の場合，例えば $|2| \cdot |5| = |10|$ というように，それは積との親和性がよい．これは，いわば「（0からの距離が）小さいものと小さいものの積はより小さい」とか「大きいものと大きいものの積はより大きい」ということを意味していて，だからいろいろとメデタイのである．しかし10進距離の場合，例えば2とか5はそれだけでは10では割れないから，これらは0からの距

K. ヘンゼル　ヘンゼルに
よって1902年に発見された
（とされる）「p進」は，
その後「代数的整数論」の
中で重要な地位を占める数
の体系であることが認識さ
れるようになった．これを
基礎とする「p進解析幾何
学」は現在でも活発に研究
されている（実は筆者の専
門でもある）

離が「大きい」にもかかわら
ず，その積10はあからさま
に10で割れてしまって，そ
の分「小さく」なってしまう．

　このような現象が実際に無
限10進数にどのように影響す
るかというと，実は（もう少
し議論を重ねると）これによ
って「0でない二つの数の積
が0になる」といった，ちょ
っと不合理なことが起きるこ
とが証明されてしまうのであ
る．

　このような，我々が多かれ
少なかれアナログ的に見てし
まっているところの「数」と
いう概念からはいささかかけ
離れた感のある現象は，しか
し10進数ではなく素数pについての「p進数」で考える
と回避できる．そこで，このp進数で「無限p進数」な
るものを作るという視点が生まれる．そして実際このよ
うにしてできる「数」は，それが「計算できる」種類の
ものであるだけでなく，具体的な数として「自然」であ
るような様々な「意味」を持つのである．

　数学の世界では，この無限p進数なるものを「無限」

をとって単に「*p* 進数」と呼ぶ．このような数が発見されたのは，実はそんなに最近のことではない．すでに20世紀初頭にヘンゼル（K. Hensel, 1861‐1941）によって見出されていたのである．ヘンゼルによって導入された，この *p* 進数という「数」の体系は，その後の数論の中で極めて重要な位置を占め，本質的で「自然」なものとなった．現在ではこの分野（のみならず，その周辺分野でも）で研究する数学者にとっては，実数と同じくらい「実在感」のある数として認識されている．

このような数は，普通の数が

「小数点以上は有限桁で，小数点以下は無限でもよい」

のに対し，これとは逆に

「小数点以下は有限桁で，小数点以上は無限でもよい」

という意味で全く「倒錯した」数である．そのような数も，例えば円周率の小数による表示が（ゼノンにとっては「幻想」であっても）それなりの実在感を伴うように，数学者にとっては普通の「当たり前」の数なのである．

最後に二項定理に関連した面白い例を挙げよう．これは *p* ＝ 5 の場合，つまり 5 進数で表される

$$\sqrt{1-5} = 1 - \frac{5}{2} - \frac{25}{8} - \frac{125}{16} - \frac{3125}{128} - \cdots$$

というものである．これは第 7 章で紹介した $n = \frac{1}{2}$ の場合の二項定理に $x = -5$ を代入したものである．実は

これは5進距離について$\sqrt{-4}$に収束していく．だから
これを2で割ると$\sqrt{-1}$，つまり2乗して-1になる数
となる．虚数単位iと同じ働きをする数である！

「猫」の目

　普段の日常生活の中では気が付かない「不合理」や
「滑稽」は「猫の目」を通して見ないとなかなかわから
ないのかもしれない．「数学にはタブーがない」と先に
述べたが，普段我々がうっかり見過ごしているタブーは
結構多くあるだろう．それを見つけたり意識したりする
ことはなかなか難しいものである．いくら自由な発想を
持つことが重要だと言っても，人間はどこかで「0から
考え直す」ことを無意識に放棄しているものである．だ
からこれは研究者としての筆者自身の自戒である．

　よく言われる言葉に「最先端の科学技術」というのが
ある．しかし「最先端の数学」とはあまり言われないよ
うである．というのも（数学に限らないかもしれないが）
数学においては「最先端」という言葉はあまり似合わな
い．これは「最先端の芸術」という言葉があまり似つか
わしくないのとよく似ている．「より基本的なもの」を
目指して研究するという方がより説得力がある．非ユー
クリッド幾何学の発見にしても，仮説的な「計量」概念
の提唱にしても，はたまたp進数の発見にしても，どれ
一つをとっても，当時の数学研究の状況が準備した土壌
に立脚しているとはいえ，その研究の流れの「最先端」

に見出されたものであるとは思えない．そうではなくて，より基本的なレベルに立ち返って問題の本質を見抜き，全く新しい流れを構築するものとして立ち現れた種類のものである．だからこそ，それらは後世の数学研究に与えている影響が大きいのである．

　もちろん「基本的なこと」というのは「簡単なこと」という意味ではない．「難しいこと」を追求してもダメだと言っているわけでは決してないのである．むしろ基本的なものこそ難しい．高等学校から大学にいくと，大学で習う数学がそれまでのものと大きく異なっていることに当惑する人が多い．筆者もそうであった．今から思えば大学で習うことの方が，実はより「基本的」なことなのであるが，そうであればこそ難しくもある．難しいことを排除することはできないが，しかし難しいことをより簡単に理解しようとすることは大切だろう．そのような視点を得ようと思ったら，より基本的なレベルに立ち返ることは必須である．

　だから筆者は「猫の目」で数学を見てみたい．いや，猫でなくともよいが，とにかく今までの自分とは違う全く新鮮な視点からも「数学」を見てみたいという衝動にかられるのである．そんなことは不可能であるとわかっていてもである．「人間の眼はただ向上とか何とかいって，空ばかり見ているものだから，われらの性質は無論相貌の末を識別する事すら到底出来ぬのは気の毒だ．同類相求むとは昔しからある語だそうだがその通り，餅屋

は餅屋，猫は猫で，猫の事ならやはり猫でなくては分らぬ．いくら人間が発達したってこればかりは駄目である.」

エピローグ：数の系譜

　有史以来，人類は数と密接に関わり，自然数から徐々に拡がる数の系譜を得てきた（図24）.

$$N \subset Z \subset Q \subset R \subset C$$

図24　数の系譜　記号は左から「自然数」,「整数」,「有理数」,「実数」, そして「複素数」それぞれの全体の集合を表す

　ここで N は自然数（natural number）全体を表す記号であり，Z は整数（ドイツ語で「数」を表す Zahlen の頭文字）全体を表す記号である.「$N \subset Z$」というのは自然数が整数に含まれる，つまり整数は自然数を拡げた概念だということを表している. 同様に Q は有理数（quotient＝「商」）全体，R は実数（real number）全体，C は複素数（complex number）全体をそれぞれ表しており，その順に数の世界が拡がっていることを図24の式は表している.

　それはそうとして，ここに挙げた「数の系譜」は実に「数」というものに反映された人類の歴史の縮図である.

　自然数（N）から整数（Z）を人間が考えだした. それ

は「負の数」という，多分大昔の人々には，今の人々にとっての虚数や p 進数のごとく「奇想天外」であったに違いないものを考え，それに「意味」を吹き込み，あたかも実在するかのように思わせるほどの市民権を時代とともに獲得していったことによってもたらされた「拡がり」である．それができるようになるため，一体どのくらいの年月が流れたのであろうか？　そう考えると，そこに考古学的ロマンを感じてしまうのは，何も筆者ばかりではないはずである．そして，その「拡がり」のためには「量」から「記号」への「数」に対する視点のシフトが，少なからずあったに違いない．それは大変な事業であったはずである．

「整数の比」を考えることで有理数（$\mathbf{Q}$）が生まれた．それがいつ頃のことかわからないし，確かに「負の数」が使われるようになったより早いと思われる（だから上の「拡がり」の系列は時系列に対応するものではない）が，少なくとも（第1章に述べた）ピタゴラスの頃にはそれが確立されていたはずである．

　そして第7章の冒頭に述べた「$\sqrt{2}$ の無理性」の発見という，人類史上未曾有の大事件によって $\mathbf{Q}$ と $\mathbf{R}$（実数）が「違う」ということが認識されたのである．

　$\mathbf{Q}$ から $\mathbf{R}$ へのジャンプのためには，さらに多くの時間と多くの人間の発想が必要であった．それはゼノンの言う「幻想」や，今でも人々が薄々感じてしまう「薄気味悪さ」の源泉であったからである．つまり，そのジャ

ンプには「極限」の概念が必要なのであった．そしてそのジャンプを「記号化」し「証明できる」ための土俵に乗せるためには，第2章で説明したような，自然界からいったん離れた「モデル」としての実数論という新しい考え方を要した．自然界にすでにある数を人間が観察し記述するのではなく「人間が数を作る」のだという発想の転換が必要だったのである．その背景には，もちろん「量」から「記号」への視点のさらなる偉大なシフトがあったことは言うまでもない．

　そして（第6章の冒頭でも少し触れたが）「虚数」という，これまた一見無茶な数に「意味」を吹き込むことによって複素数（**C**）が生まれたのである．

　先の「数の系譜」の左端から右端までの拡がりを得るまでの人間の歴史は，一体どのようなものだったのか．それには一体どのくらいの年月がかかったのか，と考えると，筆者はいつも何か厳粛な思いにかられるのである．

　右端と言ったが，ではもう人間はすべての数を得てしまったのだろうか．数はもうこれ以上は拡がっていかないのだろうか．

　もちろんそうではないと思う．数の系譜は数学の視点のシフトの歴史と同じく，いつでも発展途上にある．実際，先の「数の系譜」の右端に「**H**」（ハミルトンの四元数）という記号を付け加えたい読者もいるだろう．さらにその右端にケーリー数「**K**」を書き込みたい読者もいるかもしれない．そのようなものではない全く発想の違

った「数」が，未来においてはそこに書き加えられるかもしれない．

　いや，そもそもこのような見方というか視点そのものが，いつか覆るかもしれない．そのような未来はそう遠くはないかもしれない．

　第8章に出てきた「p進数」は，この系譜の中に書き込むと図25のようになる．

$$\mathbf{N} \subset \mathbf{Z} \subset \mathbf{Q} \subset \mathbf{R} \subset \mathbf{C}$$
$$\cap \qquad \cap$$
$$\mathbf{Z}_p \subset \mathbf{Q}_p \subset \mathbf{C}_p$$

　図25　数の系譜（その2）　無限に多くある各素数pについて「p進数」という新しい拡がりがある

　$\mathbf{Z}_p$とは「p進整数」と呼ばれる，早い話が無限桁のp進展開で表される数全体であり，$\mathbf{Q}_p$はそれらに有限桁の「小数点以下」を付け加えた，つまり「p進整数とp進整数の比」で表される数（単に「p進数」と呼ばれる）全体である．$\mathbf{Q}$から$\mathbf{R}$へのジャンプが「極限」を必要としたように，この$\mathbf{Z}_p$や$\mathbf{Q}_p$に至る（図25では下向きに書いた）「拡がり」も，やはり「極限」の概念を必要とする（ただし「p進距離」という距離の概念に関して）．その隣にある「$\mathbf{C}_p$」に至っては，もはやその説明は本書の程度を超えてしまう．しかし，それもまた数学者にとっては十分意味のある数の体系である．

　もちろん，この新しく見つかった拡がりの方向につい

ても，まだまださらなる拡がりの余地は残されている．

C_p の右隣に来るべき数の候補も今ではたくさん見つかっていて，ある意味もともとの系譜（図24）にあるものより，この p 進数の方向の方がより豊穣な数の世界を内包していると思わせるような状況になっている．そして何よりも驚きなのは，その新しい拡がりの方向は無限に多くある素数 p ごとに存在するのである．しかもそれらは単に素数ごとに独立にあるというだけでなく，もともとの系譜の拡がりをも合わせて緊密に関連し合っていることもわかっている．

　数の世界の拡がりはいつまでも尽きない．そしてそれは単に一方向のみへの単調な拡がりではなく，拡がるたびにその豊穣さを明らかにしていくような多次元的拡がりである．

　千年後の人々はどのような「数の系譜」を見ているのだろうか．そして彼らも筆者同様，それを見て「数の考古学」に思いを馳せ，ロマンチックな気分にひたるのであろうか．

　もうこのへんで，さすがにネタも尽きてきたようだ．

後奏曲

数学の正しさ

　——いや，まだネタは尽きてない．

　本書を執筆したのが2007年の初頭であったから，今年（2020年）で13年たったことになる．初版のあとがきに書い（てしまっ）たように，本書の草稿はほんの2週間ほどの間に書き上げられた．その経緯は初版あとがきにある通りであるが，もう少し当時の状況を打ち明けると，実は筆者が本書を書き始めた段階では第6〜8章の内容しかプランになかった．したがって，書き始めは第6章からであった．執筆の途上で，二項定理や二項係数などへの導入として第5章を付け足した．要するに当時は，面白そうな数学の題材を紹介して，高校数学からちょっと遠出の遠足をする本，という感じでしか考えていなかったのである．

　しかし，これらの章で扱った「パスカルの半平面」やp進数などは，数学の一般書の中にもあまり類例を見ないものだった．類例を見ないということの意味は，単にそれが珍しい対象であるというだけではない．実際問題として，これは高校数学からのちょっとした遠足というよりは，ジャングルの奥地に分け入る珍獣探検と言う方

がふさわしかった．そして，その珍獣へと読者を誘う道程で，なぜこんなことをするのか，そもそも数学の対象や考え方とは何なのか，さらには，そもそも数学とは何なのかといった根本的な問題が自然に湧き起こってしまうのである．

　以上のことを，執筆中の筆者は，原稿が進めば進むほど痛感するようになった．そしてついに，これらの根本的な問題から書き始めなければならないと決心し，本書の前半部（第1〜4章）を書き始めたのであった．

　というわけで，本書の中身は，前半の4章と後半の4章に内容が分かれる結果となった．そこで前半4章を第1部，後半4章を第2部とした．そしてその間に，あの奇妙な「間奏曲：数学の美しさ」を挿入したのである．

数学とは「する」ものである

　以上が，筆者がこの風変わりな本を書いてしまった過程である．これよりわかるように，本書の執筆過程においては，特にこれといって首尾一貫したプランはなかった．しかし，不思議なもので，書いたものを読み返してみると，それなりにはテーマがあるようにも思われたのである．第1部では人間と数学の関わりについて議論され，第2部では記号と意味の間の相補的かつ生成的な関係について書かれていて，それぞれにそれなりのまとまりを持っている．そこで，第1部には「人間と数学」，第2部には「記号と意味」というタイトルをつけた．

さらに，これら前半と後半を貫いて，本書の全体に流れる通奏低音的テーマというものもありそうに思われた．それは何だったのだろうか（自分で自分に問いかけるのもおかしな話であるが）．なかなか簡潔に言語化しにくいのであるが，強いて言うならば，それは

数学とは「する」ものである

ということだったのではないかと思う．普段から我々は（本書のタイトルにもあるように）「数学する」という言葉を使うが，その言葉の通り，数学とは「する」ものだということである．

数学とは教科書という陳列棚に配架されている珍品・資料の類いではない．それは主体的な行為として「する」ものである．そして「する」ものとしての数学という総体は，数える，測る，計算する，見る，論証するなど，様々な「行為」から成り立っている．

数学とは「する」ものである．すなわち「人がする」ものである．人がするものであるから，それは時間と手間と労力がかかる．しかし，人がする（仕出かす）ものであるから，それは楽しい．数学とはゲームや料理や運動や読書やおしゃべりや買い物や散歩や昼寝と同じく，人間が主体的に「する」ものなのだ．人の精神が「する」ものとしての数学，あるいはその数学を「する」精神とはなんだろうか．これこそが本書のテーマだったのではないか，と筆者は考えている．

数学とは様々な学問の複合体だ

そもそも，数学とは決して単一種の学問ではない．それは様々な学問のブレンドであり，多くの学問群が水素結合によって一体系となったものである．その証拠に，数学の対象は数だけでなく函数や図形や空間など，驚くほど多岐にわたっている．これほど多くの，互いに極めて異なった対象を扱う学問が他にあるだろうか．これだけ多様な対象を扱っていながら「一つの学問」のフリができているところが，すでに奇跡的なのである．

しかし，その奇跡が見事に実現されている理由は，それら一連の学問群が，上述したような多様な「する」によって（間接的に）結合しているからである．数学は「する」ものであるからこそ，その一体性を保っているのだ．「する」という側面にこそ，数学の一体性の核があり，魅力の内実があり，その精神性の本質がある．

美しさの知覚

ところで，数学とは人間が「する」ものであるから，上手な人と下手な人と普通の人がいる．誰でも一流のテニスプレイヤーになれるというわけではないように，誰もが一流の数学者になれるというわけではない．もちろん，訓練すれば誰でも上達する．しかし，上手になるためには，それなりの「カン」を養わなければならない．

つまりこういうことだ．数学するときにも，ゲームや

料理や運動をするときと同様に，五感と脳と筋肉を上手に使うことが必要だ．すなわち，人間の知覚運動系を巧みに働かせることが肝要なのである．そして，それぞれの数学的行為においては，それぞれの知覚の働き方があり，それぞれに研ぎ澄まされた身体感覚が必要とされる．

数学において重要な知覚は，よく「数覚」などと呼ばれる．本書で筆者は，折に触れて数学の「美しさ」という側面を強調してきた．その最たる箇所が，例の風変わりな「間奏曲：数学の美しさ」である．そこで筆者はためらいつつ（あるいは，ためらっているフリをしつつ）も，少々大げさな言葉を使えば，「真理」へ直接的に人間を導くものとして，数学における美しさを捉えようとした．それは言い換えれば，数学的正しさへの，論理や機械的な計算手順とは一応独立な鳥瞰的アクセスマップを与えるものである．

その上で，そのような美しさの要素を，いくつかの例を交えながら論じている．それらは，大きく分けると

整合性・実在感・流れ

の３つであった．

数学することが上手な人の多くは，まずもって，これら「美しさの要素」へまなざしを投げるのがうまい．達人は目の付け所が違う．自分からまなざしを投げないと，知覚は成立しない．数学の美しさは，ただそこにあればいいというわけではない．ここが数学の難しいところだ．

美しさから正しさへ

しかし，そう考えると，まだ何かが足りないこと
に気づく．整合性も実在感も流れに対する感覚も，どれ
もつまるところ「一貫している・(ひとかたまりに) まと
まっている」ということである．この「まとまり性」が
数学における様々なストーリーを生き生きさせているこ
とは確かだが，こればかりが数学という行為における知
覚運動性を支えているわけではない．

すでに筆者は13年前「間奏曲：数学の美しさ」におい
て，数学で仕事をしているものは日頃から数学の美しさ
ばかり追い求めているわけではない，と書いている．
「美しさ」ばかりを強調しすぎるのも禁物なのである．
数学の美しさを語る人は多い．しかし，数学の厳しさを
語る人は少ない．

もちろん，数学が美しいというのは本当だ．しかし，
美しくなければ数学ではないというのは言い過ぎである．
数学とは「する」ものなのだ．では，我々は何を目指し
て数学を「する」のだろうか？　人間は数学の何にコミ
ットして数学をしているのだろうか？

それは (当たり前のことを言うようだが)「正しさ」な
のではないだろうか．いや，他にもあるだろう．しかし，
「正しさ」が数学という行為における最も重要な契機の
一つであることは確かである．思い返せば，本書を執筆
した後に筆者が書いたもの (例えば，中公新書『物語 数

学の歴史』や筑摩選書『数学の想像力』など）では，数学
の正しさがメインテーマになっていた.

　美しいものは（その美しさに幻惑されていなければ）正
しくもあるだろう. しかし，過去13年間という時代は，
必ずしも美しくなく，必ずしも人間にとって明瞭ではな
い正しさも数理科学にはあるのだということを，社会が
ますます受け入れる時代であった. そしてそれに合わせ
て，数学における「する」の意味も，微妙に変わって来
ているかもしれない. 「数学や数理科学におけるいかな
る現象にも，究極的にはその背後に，すべてが整合的で，
どこまでも澄み渡っていて，見渡す限り透明であるよう
な美しい説明や仕組みが必ずあるはずだ」というドグマ
は信ずるに足るものであろうか？

　13年前の筆者でも，そんなことを頭から信じてはいな
かったに違いない. とはいえ，数学についての根本的な
問いにドン・キホーテのように突進していったこの本の
第1部の終わりで，筆者はどうしても，数学の「美し
さ」について言い訳じみたことを言わずにはいられなか
った. しかし，そこにこだわりすぎてしまうと，数学を
あの陳列棚に追いやってしまう危険性がある.

「正しさ」というハードプロブレム

「美しさ」というのは，ワインでも飲みながら友人と優
雅に語り合えるものだ. もちろん，それは深い問題だか
ら，大抵答えは出ない. しかし，結論は出なくても，優

雅な気持ちになれて，ワインもおいしくなる．

　しかし，「正しさ」となるとそうはいかない．「正しいとは一体どういうことなのか」という議論など始めてしまったら，きっと酒はマズくなるはずだ．これも深い問題だから，もちろん結論は出ない．しかも優雅な気持ちにもなれそうにない．

　「数学における正しさとは何か？」という問いに対する数学者の答えは簡単である．それは「証明がある」ということだ．数学者にとっては正しさの問題はそこで終わる．だから，数学者にとっては「証明とは何か」という問題の方が重要だ．数学の研究者を目指す学生は，数学の理論を学ぶかたわらで，証明するとはどういうことなのかも学ぶ．推論の過程で，何が証明を必要とし，何は証明しなくてもいいことなのか，という見極めができるように訓練される．

　しかし，数学者の文脈から一歩外に出てしまうと，とたんに問題は難しくなる．そもそも「証明がある」と言っても，その証明が何に依拠しているかが問題だ．証明とは論理を積み重ねて結論を出すことだから，出発点がなければならない．その前提が当たり前なら，結論も（見栄えはどうあれ）当たり前だろう．しかし，前提が間違っていれば，結論も間違っている．つまり，「正しい＝証明が存在する」となるためには，証明は「正しい」前提から出発していなければならない，ということだ．すなわち，正しさのためには証明が必要で，証明のため

には正しさが必要である．要するに「卵が先かニワトリが先か」という話なのだ．

　数学者にとって「正しさ」の意味が問題にならない理由は，彼らが意識的にも無意識的にも，言語化できる層においても言語化できない層においても，何を正しい前提とするべきで，何は証明しなければならないことであるかというその境界線を，訓練によって体得しているからである．その意味では，数学者にとっての「正しさ」の基準は，一つのパラダイムだと言ってもいいだろう．しかし，そうだとすると，本書の第１部でも各所で示唆されてきたように，それは時代や地域，環境などの影響も受けることになる．数学は普遍的で客観的な学問であり，その正しさの基準も絶対的だ，と世間では思われているが，それは幸福な幻想に過ぎないのではないか，ということにもなるだろう．

　このように，「正しさ」の問題は，一見普遍的で客観的に見える数学においてすら，極めて非自明なものである．実社会においてこそ，「正しさ」は曖昧なものであり，そこには社会的・政治的・心理的なバイアスがかかる．しかし，「正しさ」の曖昧さは数学においても本質的には変わらない．そこには主観と客観，合理と非合理，自然と人工など，様々な対立軸がある．そして，多くの深い物事と同様に，その深層には語り得るものと語り得ないものがある．しかし，それでもなお，数学は人々に客観的で普遍的であると信じ込ませることに成功してき

た．それはなぜなのか？　数学における「正しさ」の問題は，このように極めて困難で深い問題なのである．

テオリアの正しさ

本書第3章の終わりで，筆者は次のように述べている．

数学における「正しさ」には様々の種類がある．「7は素数である」のような，数についての基本的な概念さえ知っていれば合理的な時間内に「観察」して確かめられる正しさもあれば，実数の連続性や数学的帰納法のように，ナイーブな「観察」によっては決して正しさを立証できない種類のものもある．

つまり，正しさには様々な種類があると言っているわけだ．となれば，それらの種類について，もう少し掘り下げて考えてみるべきだろう．さしあたって，第2章と第8章で示唆された例

(a)　7は素数である

(b)　$1 = 0.99999999\cdots$

(c)　$-1 = \cdots99999999$

における「正しさ」のニュアンスの違いについて考えることから始めよう．

(a) のような命題は，整数という素朴な対象そのものの属性から，その正しさがほとんど即自的に従うものである．もちろん，そのためには整数の概念や素数の概念

などを知っていなければならないが，これらも含めて，ここでは素朴なものだと考えている．確かに，その正しさに気付くのは人間であるが，一度気付けばその正しさは疑いようがない．いや，宇宙人でもそう思う可能性は高い．つまり，その正しさは，何らかの人為的な前提に基づいているというわけではなさそうである．

　自然数という理論やそのモデルは，極めて素朴なものだ．さらに，7が素数であることを確かめるには，高々1から6までの自然数が7を割り切るか否かを確かめればよい．つまり，それは有限回の手続きで終わる．7ではなくて，もっと大きい素数についても同じである．数が大きくなると，それが素数であるか否かの判定のために計算の回数は増えるが，有限回であることには変わりない．

　この正しさの認識は，対話篇『メノン』の中でソクラテスに誘導されながら，幾何学を知らない僕童が正方形の倍積の方法を発見するときの認識にも似ているところがある．これを筆者は『数学の想像力』の第2章で，対話や説明や証明などを通して正しさを「決済」するときの「見る」という行為に結びつけて考察した．ここでの題材は図形の幾何学であったが，7が素数であることも同様である．これも約数や素数について丁寧に教えて誘導すれば，整数論を知らない僕童でも簡単に気付くことができるだろう．その意味で，ここでの「正しさ」は「よく見る」ことや観照することを意味する「テオリ

ア」になぞらえて「テオリアの正しさ」と呼ぶこともできる.

「テオリア」とは理論という意味のセオリー（theory）の語源であるから，理論的で理屈っぽい正しさと誤解されそうだが，この言葉で強調したいのは「見て・観想してわかる」「おのずから明快である」という側面である.

　テオリアの正しさは，素朴であり即自的であり明瞭である．この「テオリアの正しさ」の一つの目安は「僕童（あるいは宇宙人）にも，丁寧に説明すればその正しさを共有してもらえるに違いないと（無邪気に）信じられる」ということにある．自然数という理論やそのモデルは，極めて素朴なものであり，人間以外の知的生命体とも共有できるだろうと（ウソかもしれないが）信じることができる．このように「素朴なモデル」について「有限の手続きで判定可能」なことならば，その正しさは人間より他の宇宙人とも共有できると（楽観的に）信じることができるだろう．そういう正しさのことを，ここでは（いくぶんナイーブに）「テオリアの正しさ」と呼んでいるのである.

オーパスの正しさ

　これに対して，(b) $1 = 0.99999999\cdots$ のような等式の正しさは，即自的と言ってしまうのはちょっと微妙だと思われるだろう．第 2 章で述べたように，この等式の（特に右辺の）意味やその正しさは，実数論の「モデル」

における正しさ（証明できること）と捉えることができる．それは実数論の（数直線による幾何学的な）モデルという数学的オーパス（作品）における正しさである．すなわち，これはモデルという整合的で実在感があって一貫した流れを感じさせる見事な作品の中でこそ，その正しさという輝きを放つものではあるが，そのカンヴァスの外に出てしまうと，もはやその正しさが依拠している文化的前提を失う，という種類のものだ．つまり，そこには人間が決めた（と考えることができる）何らかの取り決め（公理）が前提としてあって，それを正しさの出発点としているが，その前提がとても巧妙に立てられているので，理論全体が極めて均整のとれた整合的なものになっている，という感じのものである．したがって，宇宙人がいて，彼らも彼らなりの高度な数学を持っていたとしても，その彼らが我々と同様のモデル，あるいは正しさの前提を共有していない限り，その正しさを共有することはできないだろう．

この思考実験を地で行っているのが (c) $-1 = \cdots$ 99999999である．これは人間同士ですら，常に共有できるとは限らない正しさだろう．それは第8章で説明した「無限10進数」というモデルが共有できなければならないからである．その意味で (c) も10進距離による連続性という，倒錯した（しかし美しい）オーパスの意味で正しいということになる．もちろん，テオリアの正しさとオーパスの正しさの違いにも，微妙なところはある．例

えば,「素数は無限に存在する」とか数学的帰納法の原理がどちらの正しさの範疇に属するかは,直ちに結論できそうにない.テオリアの正しさとオーパスの正しさの間にも,様々な正しさのスペクトルがあるだろうし,それぞれの正しさの意味も,もう少し深める必要がある.また,実数にしても p 進数にしても(少々技術的な言葉を使うと)有理数の付値による完備化であるという意味では,基本的には有理数という素朴なモデルにプラスアルファくらいで到達することができるので,宇宙人とだって共有できるという意見もあるだろう.こういう議論はどこまでも尽きそうにない.

　ただ,次のことは言えそうである.テオリアの正しさもオーパスの正しさも,素朴と人為という違いこそあれ,どちらも明瞭に「見える」という,明晰で透明な想念による正しさである.すなわち,それらは「明るい正しさ」である.だから,それは「人間」という特定の知的生命体にしか通用しない(と思われる)ものも含む.そして,それらがテオリアの正しさではないオーパスの正しさを形成しているというわけである.

　人間の知覚運動系の働きに深く依拠している「明るい」概念としては,例えば,空間概念がある.実際,空間概念は人間の視覚に強く依存している.トンボの複眼のような視覚を持つ宇宙人なら,我々とは全く異なる空間概念を発達させるだろう(というより,空間概念にあたるものなどないかもしれない).それどころか,人間の数

学に限定しても，ユークリッド幾何学から非ユークリッド幾何学への発展史が雄弁に物語っているように，空間概念は歴史の中で目まぐるしく変わってきた．

したがって，「数直線」という空間的直観に依存している実数のモデルは，即自的で素朴なモデルとは言いがたいことになるだろう．それは人間の「数学する」という行為が作り出したオーパスなのであり，それが生成する正しさは，それゆえに「オーパスの正しさ」ということになる．もちろん，第1章の各所でも論じたユークリッドの『原論』は，堂々たる数学的オーパスであり，そこで目指されている正しさは典型的なオーパスの正しさである．

オーパスの正しさは，絵画や音楽の美しさにたとえられる．それはカンヴァスという比較的に限られた範囲の中で整合的であり，実在感を放ち，そして一貫した流れを持った「ひとかたまり」のまとまりなのだ．したがって，それは13年前の「間奏曲」における「美しさ」と密接に関係している．そういう意味では，それは数学の「芸術的な正しさ」だとも言えるだろう．

体幹的正しさ

もちろん，テオリアの正しさも美しさと結びつかないわけではない．しかし，それが芸術的だとすれば，それはオーパスを通してではなく「アトリエの正しさ」として芸術的なのである．

　数学の場合，理論やモデルというオーパスを制作する現場で行われている作業は「計算」である．拙著『物語　数学の歴史』のテーマは，数学における「見る」ことと「計算」することであった．「見る」ことは作業の決済をつかさどり，計算を鳥瞰的に導く道標を与え，正しさや美しさに関する鑑定を下す．しかし，見ることだけが過度に強調されると，それは美術館での鑑賞に凍結してしまう．

　前述の『数学の想像力』第2章で，筆者は次の「正しさの3要素」を論じた．

- 基盤—世界・モデルの共有
- 流れ—論証・対話や計算・手順などの過程
- 決済—議論の落としどころ

　テオリアの正しさやオーパスの正しさは，素朴に，あるいはカンヴァスの上で「明るい」基盤の構築を目指す．しかし，それだけで正しさの認識が完成できるわけではない．ここで問題となっているのは，「正しさ」という文脈における「流れ→決済」という動きであるが，その中で「計算」の占めるウエイトは大きい．

「計算」することにおける正しさの源泉は，これまた当たり前のことであるが，計算が「合っている」ということにある．すなわち，計算が，そのあるべき状態にピッタリはまっているということだ．この「ピッタリ感」こそ，計算における正しさの真骨頂である．

　この感覚は，ジグソーパズルのピースを，そのあるべ

き場所にはめ込むときの，あのピッタリはまる快感に似ている．これはおよそ内観的な運動神経系における感覚であり，体幹的な感覚であろう．その体幹的な正しさが，ここでは重要なのだ．

　ある出発点から，想定される理想的な結果に向かって，計算の鎖がつながってほしい．こういう期待のもとに計算を進めるということは多い．多くの場合，その期待は裏切られることになり，そのたびに自分がまだ問題の本質を正しく捉えていなかったことを思い知る．その上で，より深い考察に導かれ，理想の結果に至るより適切な計算の道筋を見出せるようになるだろう．そうこうしているうちに，出発点だった A 地点から目標の B 地点まで論理と計算がつながる．それは天から地に電気の通り道が突然開かれ，稲妻がひらめくような経験となることもある．

　このようなとき，数学者の多くは A 地点から一方向的に歩いて B 地点を目指すというわけではない（ように思われる）．そうではなくて，出発点から前に進みながら，目的地からも後ろに道を探っているのだ．そして A 地点から前に伸びた道と，B 地点から後ろに伸びた道がその中間あたりで，あるときピッタリつながる．これが「計算」のアトリエに稲妻がひらめく瞬間である．

　このピッタリ感は，ジグソーパズルの最後のピースをはめ込むときの感覚にそっくりである．そして，その「正しさ」は，数学的な公理や論理的手続きによる厳正

な正しさとは，文脈が全く異なっている．それは素朴な認識による即自的な正しさとして立ち現れることもあるだろう．しかし，計算の対象になる数学のモデルは，素朴なものに限るわけではない．かといって，壮麗なカンヴァス上のオーパスにおける正しさとも本質的に異なっている．それはより直観的で瞬間的で，体幹的な正しさである．

タレスの言明

　以上のように，一言で数学の正しさと言っても，多くの種類がありそうである．そのすべてを分類することは，とてもできそうにない．ここで挙げているいくつかは，単にそれらのいくつかの側面に光を当てているに過ぎない．それは網羅的な分類ではないし，明確に区別されているわけでもない．素朴なオーパスの正しさというのもあり得るし，オーパスにおける体幹的正しさのひらめきだってあり得るだろう．

　だから，このあたりで正しさについての果てしない考察はやめてしまおうと思うが，最後にもう一つ，数学をする上で重要な認識，おそらく数覚的な側面に深くコミットした正しさについて述べよう．これはテオリアの正しさの一つであると考えることもできる．しかし，以前述べた「素朴かつ有限的」なものにはとどまらず，無限をも観照するという人間の不思議な能力に基づいている．

　古代ギリシャのタレスは，三角形や円など基本的な平

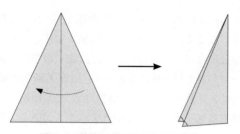

図26　二等辺三角形の底角は等しい

面図形について，いくつかの一般的に成り立つ定理を言明したと言われている．例えば，「円はその直径で二つの等しい部分に分けられる」とか「二等辺三角形（二つの辺の長さが等しい三角形）の二つの底角は相等しい」などである．これらの言明に対して，タレスは次のように説明したと考えられている．例えば，円をその直径で折り曲げると，二つの部分はピタリと重なる（だから等しい）．また，二等辺三角形をその中線で折り曲げると，二つの部分はピタリと重なるので，二つの底角は等しい（図26）．

「二等辺三角形の二つの底角は相等しい」という命題は，タレスのずっと後になって，第1章にも出てきたユークリッドの『原論』にも，その第1巻命題5として収録されている．すなわち，そこでは第1章最後の「トピックス：数学の記号化と公理的数学」で述べたような，公理論的な証明がついている．したがって，その意味での正しさは典型的なオーパスの正しさということになる．

　しかし，上に述べたタレスの説明は，これとは異なっている．ここではユークリッド原論におけるような，明示的な公理はどこにもない．単に，我々の空間的直観，あるいは（紙を折り曲げるという）知覚運動系の働きのみが前提とされており，それだけにとても明瞭で発見的で，快刀乱麻を断つような切れ味のよさがある．空間的直観という人間的知覚を前提とすれば，それはテオリアの正しさとも相通じるものがある．

　しかし，ここで注目したいことは次のことだ．ここで「証明」されているのは「二等辺三角形の二つの底角は相等しい」という，一般的な定理である．すなわち，「すべての」二等辺三角形に対して成り立つ定理である．しかし，ここでタレスが扱っているのは，一つの二等辺三角形でしかない．確かにそれは特定の二等辺三角形ではない．だから，どの二等辺三角形でも同じだと我々はすぐに認識できる．その「正しさ」の依拠している認識は一体何なのだろうか？

「任意」と「特定」

　このような例は，実は枚挙にいとまがない．例えば，次のような定理がある．「二つの偶数の和はまた偶数である」．現代的な数学の記号を用いれば

$$2n + 2m = 2(n + m)$$

と書いて終わってしまう．なにしろ，ここで n, m は「任意の」整数である，と言い張っているわけだ．個々

の数を文字化して，特定でない「任意の」数を表すという代数のやり方は，実に驚くべき心理的効果を生み出す．そうするだけで，本来ならば無限個ある「すべての」整数について議論ができてしまうと信じ込ませてしまうのである．「任意」とは本来「すべて」ではない．ここにはとてつもない「正しさ」の深淵が口を開けている．

　実は文字を使わないで議論しても，本質的にはあまり変わらない．二つの偶数，例えば6と8を用意しよう．これらは偶数なので，二つの等しい自然数に分けられる．

$$6 = 3 + 3, \ 8 = 4 + 4$$

　その和を考えると $6 + 8 = 14$ だが，

$$14 = 6 + 8 = (3 + 3) + (4 + 4)$$
$$= (3 + 4) + (3 + 4) = 7 + 7$$

となり，これもまた等しい二つの自然数に分けられるので偶数である．

　この議論では，二つの偶数として，特定の6，8という和を選んだが，どの数を選んでも議論は同じになるということを，人は悟ることができる．その意味で，この議論は，一つの二等辺三角形について議論していた，あのタレスの説明と実は同じようなものなのである．つまり，一つの例だけで議論することで，すべての場合の説明をしているのだ．

コギトの正しさ

　もうお気付きと思うが，これらの例で問題となってい

る「正しさ」の認識は，すでに本書の第3章で出てきた「パターン」の認識と深い関係がある．第3章では

$$(2 \cdot 3)^n = 2^n \cdot 3^n$$

という一般的定理を，人はいかにして正しいと信じるかということが問題であった．そこではこれを数学的帰納法という数学のオーパスに結びつけたわけだが，その「正しさ」自体はオーパス的なものとは独立の，もっと原始的なものであることは明白であろう．

　この例はさらに第4章でもとりあげられ，計算する我と，それを反省するメタな我という自意識の構図と関連づけられた．タレスの説明も，偶数の和についての議論も，どれもこのスキームの中で捉えることができる．その意味で，ここで取り出されている「正しさ」は，自意識というスキームにおける正しさ，あるいは「コギトの正しさ」などと名付けることができるかもしれない．

　これがどういうメカニズムで人に正しさの認識を与えるのかという問題は，筆者にはとてもわかりそうにない．しかし，このような正しさの現象が語りかけてくることの中には，興味深いこともある．例えば，上でも示唆されたように，数学における記号の役割は，この正しさの認識と密接に関わっている．記号はパターンの認識を呼び起こし，コギトの正しさを浮き上がらせるのである．すなわち，「ひとつ」を「任意」に，そして「任意」を「すべて」に変身させることで，記号はコギトの正しさをテオリアの正しさに変換するのだ．

マシンの正しさ？

あれから13年たって，数学における「正しさ」の認識にも微妙な時代的変化が感じられるようになった．それを明確に言い当てることは，筆者の浅学には荷が重すぎる．一つ（恐る恐る）言うとすれば，昔に比べて，今という時代は「計算」のウエイトが大きくなってきたということだ．過去13年間で，数理科学における「計算」という概念の理解が大きく変化してきた．そして，それによって数理科学の「正しさ」にも，多くの新しいアポリアが生じている．例えば，機械（コンピューター）が計算するということや，機械が計算して出してきたことと，人間の身体論的な正しさとを，どう折り合いつけるか．

従来，多くの理論数学者にとって，計算とは美しい理論や定理を作るための足場であった．したがって，それは完成されたオーパスからは，注意深く取り除かれるべきものである．アトリエの雑然は，オーパスの美しさとは無関係であった．しかし，「計算」の概念はアクティブにダイナミックに多様化してきている．もちろん，オーパスとしての「計算」という概念は昔からあったが，最近のAI周りの数理科学では，むき出しの行為としての計算自体が直接「正しさ」に本質的な問題を投げかけているようだ．複雑な多層のネットワークの中で行われている計算が表現している正しさは，今までなかった新しい正しさの地平の存在を示唆している．そのまま人間

が明瞭に理解し共感することの難しい，このタイプの正しさは，人間の知覚運動系に直接訴えるタイプの「明るい正しさ」とは異なる「暗室（カメラ・オブスクラ）の正しさ」である．

「暗室の正しさ」というと，何か闇の世界のような印象を受けるが，「マシンの正しさ」は暗いものではない．これは確かに，従来の意味で人間が「する」数学の人間的知覚運動系に基づいた「正しさ」とは，そのままでは相容（あいい）れない要素が多いかもしれない．しかし，長い数学の歴史の中で，新しい正しさのパラダイムが，数学の正しさに地殻変動をもたらすことは多くあった．「マシンの正しさ」は新しい「計算」概念の発展と歩調を合わせて，人間と数学の新しい関係性を構築するだろう．そうなる未来には，人間は宇宙人と出会う前に，人間とは根本的に異なった知覚運動系を持つ知的マシンの「正しさ」を，目の当たりにすることになるのである．そのとき数学はどうなっているだろうか？

「数学や数理科学におけるいかなる現象にも，究極的にはその背後に，すべてが整合的で，どこまでも澄み渡っていて，見渡す限り透明であるような美しい説明や仕組みが必ずあるはずだ」という考えは，とどめを刺されるかもしれない．新しい「正しさ」を受け入れる苦しさを，理論科学は受け取らなければならないかもしれない．しかし同時に，それは科学の歴史上，過去にもしばしばあったことなのだと思い知ることにもなるだろう．暗室を

明るい部屋に作り変えるために，数学や理論科学は多くの困難を乗り越えてきた．それは真っ暗な部屋の中に突如として灯りのスイッチが発見されたというような，ドラマチックで感動的なシーンばかりではなかった．パラダイムシフトの多くは「何をわかったことにするべきか」を震源としても起こった．それは「自明性の境界」を画定し直すことによっても，あるいは，見えないものを巧妙に暗喩化することによってももたらされてきた．それは解明というよりは地殻変動だった．そしてその結果，我々は電磁波や素粒子やエネルギーのような，見えない実体に取り囲まれて生活している．

　となれば，マシンの正しさが計算することと見ることのウエイトを抜本的に変化させることによって，数学における新しい正しさの地平を築くことは十分にあり得る．そして，それはこれまでの数理科学のパラダイムの変化と同様に，誰にも気付かれることなく静かに進行するだろう．敏感な人があるとき振り返ってみると，数学の正しさが昔に比べて微妙に変化していることに気付くのである．そういう意味では，AI は数学においても人間の生活の一部になるだろう．マシンが数学の正しさの重要な一翼を担うことになっても，それは人間の身体能力の延長線上にあり続けるだろうし，そのときその時代に最もふさわしい意味で「テオリア・オーパスの正しさ」となっているだろう．AI は宇宙人よりは我々人間に似ているだろう．

　そうなる未来は，そう遠くはないのかもしれない．筆者は今からとても楽しみにしている．

初版あとがき

　岡田暁生著『西洋音楽史』（中公新書）のあとがきに
引用されている言葉に，「対象が何であれ『通史』とい
うのは，四〇歳になる前か，六〇歳になった後でしか書
けませんからね」というのがある．この本の内容は通史
ではないのであるが，しかし，数学そのものという，冷
静になって考えてみれば，ずいぶん大風呂敷を広げたテー
マについてであった．だから，この本を書き終わって
みて，この「四〇歳になる前か，六〇歳になった後」と
いう言葉が，改めて重く感じられてしまう．今，筆者は
39歳．まさに「四〇歳になる前」最後の年である．この
「怖いもの知らず」の時節最後の年に，このようなもの
を「書いてしまった」という感も若干ある．

　怖いもの知らずで書いただけあって，この本の草稿は
極めて短期間で完成された．実を言うと，本書の内容の
大部分を書くのに要した期間は，わずか1週間程度であ
る．解説やトピックスなど，後になって補足した部分の
執筆期間を加味しても，実質的に2週間を超えないと思
う（多分，1文字あたりの所要執筆時間が最も長いのは，こ
の「あとがき」である）．それだけに，その内容には偏り

があるだろう．内容に偏りがあるのは，もとより，筆者
の不勉強が原因であるにしても，それだけでなく，筆者
の本意に反していたずらに誤解を招く可能性もあると思
われる箇所も多いと思われる．何を今更と，いささか心
苦しい感もあるが，気が付く限りにおいて，それらにつ
いてコメントしておきたい．

　この本の内容は，もとより数学の歴史が主題ではなか
ったが，それでも数学史について述べる部分が多かった．
そして読者も気付かれたであろうように，そのほとんど
は，古代ギリシャ文明のものも含めて西洋におけるもの
であった．それに対して，中国や日本の数学史について
は，第4章の終わりに若干触れるのみで，全体としての
バランスを大きく欠いた形になっている．実際には東洋
にも，極めて優れた数学の発展史があり，この本でこれ
らについてあまり触れられなかったのは，ひとえに筆者
の不勉強によるものである．数学はもっぱら西洋文明の
専売特許である，という印象を持たれてしまってはいけ
ないと思うので，この点についてははっきり述べておき
たい．

　第4章では，数学における機械的作業と，それを一段
超えたメタな思考について議論し，人間らしい数学の行
いは，主に後者の主体から生じる，という意味のことを
述べた．それはそれで確かに正しいと思うのであるが，

しかし，第5章の冒頭でも若干述べているように，筆者は機械的作業を完全に否定しているわけではない，ということを今一度強調しておきたい．むしろ，メタな主体から生じる発見行為のためには，不断の機械的作業が背景になければならないし，地味な作業に裏打ちされない思考は空虚である．ヨーロッパのある国では，子供たちの「ひらめき」を重視するあまり，初等教育から基本的な計算術の訓練を一切排除し，計算のつど，扱っている具体的な数に応じて計算方法をその場でひらめかせる，という方針をとることにしたそうである．筆者はこの種の考え方には大きな疑問を感じる．翻って，我が国日本では，最近でも「百マス計算」のように，黙々と機械的作業の訓練をすることが大事であると思われている機運があり，それはそれで望ましいことだ，と筆者は思っている．いずれにしても，この手の訓練を通して数の基本をしっかり身につけてこそ，その先にある創造的世界がひらかれるはずである．人間の悟性や想像力は不思議だ．そこには人間の理解を超えた何かがある．だから，「ひらめき」の方法やその教育法などについて，そもそも，筆者は何も述べる術を持たないのであるが，少なくとも，ポアンカレの言う「無意識の中での不断の検討」が行われるようになるためには，ほとんど無意識に手が動いてしまうくらい，豊かな計算の経験がなければならないだろうと思う．

　第1部最後の「間奏曲」では，主に数学における「美しさ」について触れ，数学の研究者にとっては，それは「正しさ」よりも重大なものである，という意味のことを述べた．またその他の各所で，「証明できるとかできないとか」といったこととは無関係な，数学的「真理」に対する感覚について述べ，これが数学という人間の創造的行いにおいて重要な要素をなす，ということを何度も述べた．しかしその一方で，数学者は決して，未だ証明が完成していないものを正しいと言ってしまってはいけない，ということも述べておかなければならない．若い読者層の中には，将来，数学の研究の道に進むことを志している人々もいるであろうから，このことは，今のうちに誤解のないようにしておきたい．数学の研究者になるために必要な，最も重要なレッスンの一つは，「証明する」ということが何なのかを学ぶことである．いたずらに感覚的な議論を積み重ねるばかりでは，決して数学にはならない．この本は「数学そのもの」についての本であったから，その視点や議論の方法は，もとより数学的なものではない．つまり，この本は「数学書」ではないのだ，ということに今一度留意していただきたいと思う．

　他にもいろいろあるだろうと思う．筆者の気が付いていない部分で，内容的に問題があったり，誤解があったりすることもあるかもしれないが，それらはすべて筆者

の浅学が原因であり，その点，読者の寛容と叱咤を切に
お願いするものである．

　本書の執筆に際して，数学史については四日市大学の
小川 束先生にお世話になった．特に第4章最後のパス
カルの三角形の歴史については，筆者の当初の理解には
不正確な部分があり，これについて小川先生からのご指
導がいただけたことは，誠にありがたいことであった．
また，第1章や第3章においては，数学基礎論の話題が
扱われる箇所があるが，これについては，名古屋大学の
吉信康夫先生にご教示いただいたことが多い．小川先生
にも吉信先生にも，本書の草稿に目を通していただき，
貴重なご意見をいただいた．もちろん，内容の正確さに
ついての最終的な責任は筆者にあるのは当然であるが，
お二人からご意見や激励をいただけたことは，筆者とし
ては非常に心強かった．お二人に心から感謝の意を表し
たい．

　本書の第6章と第8章の内容は，日本評論社刊『数学
セミナー』の2003年4月号と2006年9月号に筆者が寄稿
した文章と重複する部分が多い．また，第1部最後「間
奏曲」の「トピックス」に紹介したクラインの講義録に
ついては，同2007年8月号にも筆者による紹介文がある．
第2章後半に書いた内容は，これも日本評論社刊行の
『数学のたのしみ』2005年春号に，筆者が寄稿した文章

が元になっている．興味のある読者は，これらも合わせて読んでいただければよいと思う．

　本書の企画を担当された，中央公論新社の高橋真理子さんから，初めて電子メールをいただいたのは，今年（2007年）の1月中旬であった．その頃の筆者は，数学に関する内容のもの，それも多数の数式を含むようなものが，中公新書から刊行されることが可能であるかどうかについて，少々懐疑的であったと思う．実際，1月下旬になって高橋さんから電話による問い合わせがあるまでは，毎日の仕事に追われて，本の内容について具体的にはあまり考えていなかった．その後，何回か高橋さんと内容についてのメールのやりとりがあり，それでは，と（高橋さんには内緒で）書き始めたのが1月終わり頃であった．1週間で書けなかったら断ろう，というのが当時の方針であったが，同時に，ひょっとしたら1週間もあれば何か書けるかもしれない，という感覚もあった．当時のメールのやりとりを眺めてみると，この企画の基本思想について，高橋さんと筆者の間には，最初から何か共通の理解があったように思う．まさに打てば響くような，快調な意見交換の中で，この本の内容が次第に固まってきたのである．そうであればこそ，本当に短期間で仕上げることができたのだと思う．

　いずれにしても，最初のメールからわずか半年あまりで，本当にこの本が世に出るはこびとなり，のみならず

「横書きかつ数式多数含有の中公新書は可能である」という定理の証明が，今や完成されようとしていることに，筆者はまたもや，ある種の感慨を覚えずにはいられない．これは何と言っても，高橋さんが，この定理の正しさを信じ続けたからにほかならないと思う．その証明のためには，多くの困難や地味な作業が多数あったに違いない．本の内容に賛同していただけたことのみならず，数式の体裁に関する筆者の希望にきめ細やかに対応して下さったことや，読者の視点から内容に関する率直なご意見をいただけたこと，はたまた，おいしいビールをご一緒できたことも含めて，筆者にとっては多大なる（もちろんビール以上の）支えであった．

　ともあれ，この本を書くに当たって，高橋さんと一緒に仕事ができたことは，非常に幸運であった．ここに深く感謝の意を表したいと思う．

　2007年 8 月　京都にて

　　　　　　　　　　　　　　　　加 藤 文 元

増補版あとがき

　初版あとがきでも（そして「後奏曲」でも）述べたように，本書初版の執筆は2007年の前半のことである．当時の筆者は30代から40代になろうとしている頃で，いわば怖いもの知らずの勢いそのままにこの本を書いた．実際，本書はそもそも確固とした事前の執筆計画があったわけでもないのに，極めて短期間のうちに書き上げられた．「何ができるかわからないけど，とにかくやってみよう」という感じで書き始め，一気呵成に書き上げた．そういう本である．そして，そういう本である割には，書き上がってみるとそれなりの統一感も，そこはかとなく感じられたことは，今回増補版ということで書き足した「後奏曲」でも述べた通りである．

　そもそも事前の執筆計画などなかった割には，執筆中は書く内容に困ることはなかった．執筆はもっぱら通勤途中の電車の中などであったが，いつでもスラスラと文章が湧いて出てきたことが，今でも思い出される．この本以降も様々な本を出させていただいたが，このときのように次から次へと，何の苦もなく書けたことは（残念なことに）金輪際ない．実を言うと，筆者自身はその後も，この風変わりな処女作を密かに気に入っていた．そ

れなりに自分らしさというか，自分の主張のようなもの
が，躊躇なくストレートに出せたという，ささやかな
自信もあったからだ．そして，大変光栄なことに，少な
からぬ読者の方々にも気に入っていただけているようで
ある．しかも，そのような人々は，本書を単に気に入っ
ているだけでなく，愛してくれてもいるようだ．著者冥
利に尽きるというものである．

　しかし，一気呵成に書き上げただけに，13年を経て改
めて読み返してみると，やはり文体の澱みや記述の不完
全さが随所に目立った．昔の自分の姿をまざまざと見る
のは，面映くもあり恐ろしくもある．文体については，
今回の増補改訂版の機会に，ある程度は手をいれた．も
ちろん，この作業は，13年前の筆者のありのままを残す
べきだという思いとの葛藤でもある．本書を愛読してく
れた方々をがっかりさせてしまうような改変であっては
ならない．この作業は一気呵成というわけにはいかなか
った．

　他方，説明が不完全だと感じられたところには，ある
程度大胆に修正や，説明の追加を行った．そのような箇
所は，実は少なくない．本書の初版発行以来，専門家の
方々からも様々な指摘やご意見を頂戴した．数学的に間
違った内容があったわけではないが，解釈の仕方などに
微妙な点があったりする箇所もあり，そのようなところ
は誤解のないように，改めて十全な説明に書き直す必要
があった．しかし，だからといって，本書の思想的軸や

内容の本質的な構えが損なわれるような改変は何も行っていない．修正を加えたのは，あくまでも周辺的な内容や末節的なコメントに類する部分である．

　本書の内容とはあまり関係ないが，今回の改訂作業でちょっと困った点を一つ．第3章の冒頭は，筆者が類まれなるビール好きであるという個人的告白から始まっているが，実は現在ではほとんどビールは飲んでいない．その代わり，ワイン好きになってしまった．だから，あくまでも正確を期するのであれば，第3章は「ワインのパラドックス」となるべきであり，すべての記述をそれに合わせて改変するべきである．しかし，黙っていると次々にワインが注がれてしまうような店を筆者は知らないので，仕方なく，もとのままにしておいた．

　とはいえ，自分が最初に世に問うた本の改訂をさせてもらえる機会をいただき，さらにその上，加筆までさせていただけたことは幸運なことであった．今回加筆した「後奏曲」は，「間奏曲」のあの風変わりさを（できるだけ）そのまま受け継ぎつつ，「数学の正しさ」というワインが不味（まず）くなるようなテーマに軽やかかつ厳かに対峙（たいじ）してみたものである．そこでは「間奏曲」では言い足りていない，もう一枚向こう側の数学と人間のたたずまいを描くことを目論（もくろ）んだ．もっともこれは，13年前の至らない自分への補足というよりは，未来の自分への宿題とも言えるかもしれない．実際，現代という時代は，数学や科学的知における「正しさ」のあり方にとって，大き

な変革期にあるのかもしれない．少なくともそう思わせるような状況が，様々な形で現出しているようだ．これは多様化でもある．すなわち，正しさのプラットホームが多様化しているのである．これからの社会は多様な正しさを創造し，受け入れていくことになるのだと思われるが，その潮流の中で数学も例外ではないということであろう．いや，あるいは新しい「正しさ」という価値を常に創造していくことこそが，本当の意味での「数学する」という行いなのかもしれない．

　もちろん，そういう難しいことは断言できないし，予言めいたことをするのも危険だ．だから，宿題は宿題としてとっておいて，何が起こるか楽しみにしていようと思う．

　今回の増補改訂版の編集では，中央公論新社の高橋真理子さんと酒井孝博さんにお世話になった．感謝の意を表したいと思う．

2020年 5 月　大岡山にて

加藤 文元

主要参考文献

古代史に関しては
- W. S. アングラン，J. ランベク『タレスの遺産．数学史と数学の基礎から』三宅克哉訳，シュプリンガー・フェアラーク東京，1997
- ファン・デル・ヴェルデン『古代文明の数学』加藤文元・鈴木亮太郎訳，日本評論社，2006

を参考にすることが多かった．また，近現代の数学史および人物史については
- F. クライン『19世紀の数学』彌永昌吉監修，足立恒雄・浪川幸彦監訳，石井省吾・渡辺弘訳，共立出版，1995
- E. T. ベル『数学をつくった人びと』（上・下）田中勇・銀林浩訳，東京図書，1976

が源泉となっている．

第2章で述べた，実数論や集合論といった視点の源にリーマンの思想がある，ということを筆者は
- José Ferreirós; *Labyrinth of Thought. A History of Set Theory and its Role in Modern Mathematics*, Birkhäuser, 1999

という本から学んだ．また，この関連の歴史的事情については

主要参考文献

・Jean Dieudonné; *Abregé d'histoire des mathématiques 1700-1900*, Hermann Éditeurs des sciences et des arts, 1978

の第6章を参考にした部分が多い.

ユークリッド幾何学や非ユークリッド幾何学に関する記述では

・小林昭七『ユークリッド幾何から現代幾何へ』日評数学選書, 日本評論社, 1990

を参考にした.

リーマンに関しては第2章でも引用した

・D. ラウグヴィッツ『リーマン——人と業績』山本敦之訳, シュプリンガー・フェアラーク東京, 1998

を挙げておく. また, 第4章ではポアンカレの著作

・H. ポアンカレ『科学と方法』吉田洋一訳, 岩波文庫, 1953

に書かれたポアンカレの興味深い体験について触れた.

その他の参考文献を以下に列挙する.

・フルトヴェングラー『フルトヴェングラーの手記』芦津丈夫・石井不二雄訳, 白水社, 1983

・デデキント『数について』河野伊三郎訳, 岩波文庫, 1961

・デカルト『方法序説』落合太郎訳, 岩波文庫, 1953

・李迪『中国の数学通史』大竹茂雄・陸人瑞訳, 森北出版, 2002

・Felix Klein; *On Riemann's theory of algebraic functions and their integrals. A supplement to the usual treatises.* Translated from the German by Frances Hardcastle. Dover Publica-

tions, Inc., New York, 1963
- 木田元『メルロ=ポンティの思想』岩波書店，1984
- 夏目漱石『吾輩は猫である』岩波文庫（改版），1990

House, Inc. New York, 2003.

加藤文元（かとう・ふみはる）

1968年仙台市生まれ．1997年，京都大学大学院理学研究科数学・数理解析専攻博士後期課程修了．九州大学大学院数理学研究科助手，京都大学大学院理学研究科講師，京都大学大学院理学研究科准教授，熊本大学大学院・理学研究科教授等を経て，現在，東京工業大学理学院数学系教授．
著書『物語 数学の歴史——正しさへの挑戦』（中公新書，2009），『ガロア——天才数学者の生涯』（中公新書，2010．角川ソフィア文庫，2020），『リジッド幾何学入門』（岩波書店，2013），『数学の想像力——正しさの深層に何があるのか』（筑摩選書，2013），『天に向かって続く数』（共著，日本評論社，2016），『宇宙と宇宙をつなぐ数学＝Mathematics that bridges universes：IUT理論の衝撃』（KADOKAWA，2019），『チャート式大学教養微分積分』（監修，数研出版編集部編著．数研出版，2019），『大学教養微分積分』（数研出版，2019），『大学教養線形代数』（数研出版，2019），『チャート式大学教養線形代数』（監修，数研出版編集部編著．数研出版，2020）
訳書『ファン・デル・ヴェルデン古代文明の数学』（ファン・デル・ヴェルデン著，共訳．日本評論社，2006）

数学する精神
中公新書 1912

2007年9月25日初版
2019年2月5日再版
2020年6月25日増補版発行

著 者 加藤文元
発行者 松田陽三

本文印刷 三晃印刷
カバー印刷 大熊整美堂
製 本 小泉製本

発行所 中央公論新社
〒100-8152
東京都千代田区大手町1-7-1
電話 販売 03-5299-1730
編集 03-5299-1830
URL http://www.chuko.co.jp/